高等职业院校精品教材系列
辽宁省职业教育改革发展示范建设项目成果

数控车削编程与加工

主　编　赵岐刚　姜云宽
副主编　于世忠　莫国伟　付桂环
主　审　何　晶

電子工業出版社
Publishing House of Electronics Industry
北京 · BEIJING

内 容 简 介

本书以培养学生数控车削零件加工技能为核心，以国家职业标准中级数控车工考核要求为基本依据，以工作过程为导向，以项目为载体，以FANUC数控系统为基本教学环境，详细介绍数控车削加工工艺设计、数控车削操作与程序编制、数控车床操作加工等内容。本书中的项目任务主要选自合作企业的典型案例。全书共包含6个项目，每个项目由工作任务、任务实施、相关知识、零件测量等部分组成。

本书为高等职业本专科院校相应课程的教材，也可作为开放大学、成人教育、自学考试、中职学校和培训班的教材，以及企业工程技术人员的参考书。

本书配有《数控加工技能训练册》、《数控加工实训指导书》，以及免费的电子教学课件、习题参考答案等，详见前言。

未经许可，不得以任何方式复制或抄袭本书之部分或全部内容。
版权所有，侵权必究。

图书在版编目（CIP）数据

数控车削编程与加工/赵岐刚，姜云宽主编. —北京：电子工业出版社，2018.2
全国高等院校规划教材·精品与示范系列
ISBN 978-7-121-32185-6

Ⅰ. ①数… Ⅱ. ①赵… ②姜… Ⅲ. ①数控机床－车床－车削－程序设计－高等学校－技术学校－教材②数控机床－车床－加工－高等学校－教材 Ⅳ. ①TG519.1

中国版本图书馆CIP数据核字（2017）第161173号

策划编辑：陈健德（E-mail:chenjd@phei.com.cn）
责任编辑：康　霞
印　　刷：北京虎彩文化传播有限公司
装　　订：北京虎彩文化传播有限公司
出版发行：电子工业出版社
　　　　　北京市海淀区万寿路173信箱　邮编 100036
开　　本：787×1 092　1/16　印张：8.25　字数：201千字
版　　次：2018年2月第1版
印　　次：2024年8月第13次印刷
定　　价：34.00元

凡所购买电子工业出版社图书有缺损问题，请向购买书店调换。若书店售缺，请与本社发行部联系，联系及邮购电话：（010）88254888，88258888。

质量投诉请发邮件至zlts@phei.com.cn，盗版侵权举报请发邮件至dbqq@phei.com.cn。

本书咨询联系方式：chenjd@phei.com.cn。

前　言

随着现代制造技术在我国的快速发展，对具备数控加工职业能力的人才需求越来越大，许多院校结合专业背景开设了数控类专业课程。本书根据数控车削编程的实际过程与中级数控车工职业岗位要求设置内容，重点介绍数控车床相关基础知识、加工工艺、编程技术、车削加工技术等。本书的编写始终坚持以就业为导向、以职业能力培养为核心的原则，将数控车削加工工艺和程序编制方法等专业技术能力融合到教学项目中。在编写过程中主要体现以下几方面特点。

(1) 围绕中级数控车工职业岗位要求对内容进行取舍。为把提高学生的职业能力放在突出位置，本书借鉴数控车床中级操作员应具备的核心职业能力，对教学内容进行取舍。本书围绕数控编程、加工工艺两大部分进行展开，同时强化数控车削加工工艺知识和训练，使学员通过学习逐步形成职业能力；而对与编程和操作无关的理论知识，将予以删减。

(2) 通过项目驱动的组织形式分散难点。本书的组织形式是设置若干个项目，每个项目都以一个实际零件的加工任务为核心引出新的数控指令和数控工艺知识。项目内容从易到难，逐步将各种数控加工指令与工艺知识引出。在多个零件加工项目的驱动下，完成对数控加工指令与工艺知识的学习。

(3) 采用深入浅出、适当重复的编写风格。本书采用螺旋式上升的方式展开内容，新知识、新技能都在原有知识基础上引出，同时复习和巩固已学过的内容。如在分析车削编程与加工实例时，所选工程实例的复杂程度逐步提高，在已有知识的基础上引出新的编程方法与工艺知识，做到既有重复又有提高。

本书由辽宁机电职业技术学院赵岐刚、姜云宽任主编，于世忠、莫国伟、付桂环任副主编。其中项目 1～2 由赵岐刚编写，项目 3～5 由姜云宽编写，项目 6 由莫国伟和付桂环编写，附录及各项目思考与练习由于世忠编写。全书由辽宁机电职业技术学院何晶教授主审，特此致谢。

因编者水平和经验有限，书中欠妥之处在所难免，敬请读者批评指正。

为了方便教师教学，本书还配有《数控加工技能训练册》、《数控加工实训指导书》，以及免费的电子教学课件、习题参考答案等，请有需要教学课件和习题答案的教师登录华信教育资源网（http://www.hxedu.com.cn）免费注册后再进行下载，有问题时请在网站留言或与电子工业出版社联系（E-mail: hxedu@phei.com.cn）。

编　者

目 录

1.1 数控车床的结构、组成、分类与刀具

能力目标：

1. 了解数控车床基础知识。
2. 了解数控车床用途、分类、基本结构和加工原理及保养知识。
3. 了解数控车削的主要加工对象。
4. 数控车床的刀具、夹具及加工工艺介绍。

知识目标：

1. 正确理解数控技术的基本概念。
2. 掌握数控车床基本结构原理。
3. 重点掌握数控车床加工原理。

1.1.1 数控与数控加工概念

1. 数控的定义

数控即数字控制（Numerical Control，NC），是数字程序控制的简称。

2. 数控加工的工作实质

数控加工的工作实质是通过特定处理方式的数字信息（不连续变化的数字量）自动控制机械装置动作。

3. 数控技术

数控中的控制信息是数字化信号，通过计算机进行自动控制的技术统称为数控技术，简称数控。这里所讲的数控，特指用于车床加工中的数控（即车床数控）。

4. 数字控制车床

数字控制车床简称数控车床。以前采用的控制系统为专用的控制计算机，而现在大多采用通用计算机或微型计算机加软件作为控制系统，称为计算机数控系统，用 CNC 表示。

5. 数控车床的工作过程

车床数控是指通过加工程序编制工作，将其控制指令以数字信号的方式记录在信息介质上，经计算机处理后，对车床各种动作的顺序、位移量和速度实现自动控制的一门技术。其控制对象是车床和车床加工。

1.1.2 数控车床的组成

1. 加工程序

数控车床工作时，不需要工人直接去操作。要对数控车床进行控制，则必须编制加工程序，如图 1-1 所示。加工程序是数控车床自动加工零件的工作指令，主要包含加工零件所需要的全部动作和刀具相对于工件的位置信息。

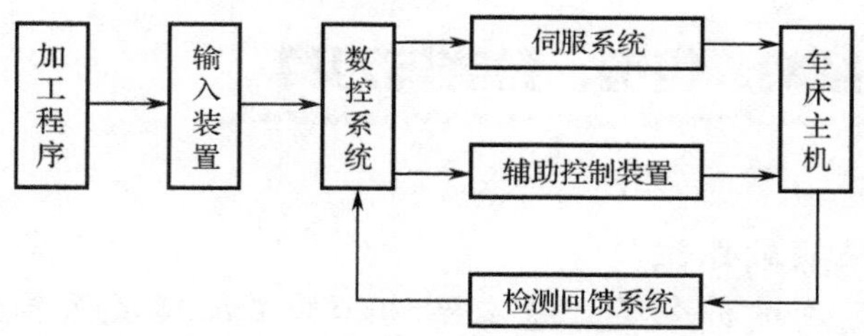

图 1-1 数控车床的组成

加工程序的编制方法包括手工编程和自动编程两种。加工程序编制完成后，可以根据生产实际情况制备到穿孔纸带、穿孔卡片、磁带、磁盘等控制介质（信息载体）中，再传送至数控系统。此外，也可以通过键盘手工录入或计算机 DNC 传输的方式传送至数控系统。

2. 输入装置

输入装置的作用是将控制介质中的数控代码变成相应的电脉冲信号，传送并存入数控系统内。根据控制介质的不同，输入装置可以是光电阅读机、磁带机、软盘驱动器等。

随着 CAD/CAM 技术的发展，人们越来越多地利用 UG、Pro/E、MasterCAM 等 CAD/CAM 软件在其他计算机上进行自动编程，生成加工程序之后，通过 DNC 传输方式将程序传送至数控系统。

3. 数控系统

数控系统是数控车床的控制核心，是数控车床的灵魂。现代数控系统通常是具有专用

系统软件的微型计算机，主要由键盘、显示器、主控制系统（由 CPU、存储器、控制器等组成）、各类输入/输出接口，以及系统软件等组成。

数控系统的作用是接收输入装置送来的脉冲信息，经过逻辑电路或系统软件进行编译、运算和逻辑处理后，输出各种信号和指令来控制车床的各个部分进行规律、有序动作。

目前全球知名数控厂商有日本发那科（FANUC）、德国西门子（SIEMENS）、日本三菱（MITSUBISHI）、法国扭姆（NUM）、西班牙凡高（FAGOR）等。

4. 伺服系统

伺服系统是数控系统和车床本体之间的电传动联系环节，主要由驱动装置、执行部件两部分组成。驱动装置接收数控系统送来的指令信息，并按照指令信息的要求控制执行部件的进给速度、方向和位移，以便加工出符合图样要求的零件。指令信息是以脉冲信号的形式体现的，伺服系统每接收一个脉冲信号使数控车床移动部件产生的位移量称为脉冲当量（常用的脉冲当量为 0.001～0.1）。

目前数控车床的伺服系统中，常用的执行部件有功率步进电动机、直流伺服电动机和交流伺服电动机。

5. 辅助控制装置

辅助控制装置的作用是接收数控系统发出的主轴换向、变速、启停、刀具选择和交换，以及其他辅助装置动作等指令信号，经必要的编译、逻辑判断、功率放大后直接驱动相应电器，带动液压部件、气动部件等辅助装置完成指令规定的动作。此外，还有开关信号经辅助控制装置送入数控系统进行处理。

由于可编程控制器（PLC）具有响应速度快、性能可靠、易于使用、便于编程和修改，并可直接驱动机床电器等优点，目前作为辅助控制装置已经被广泛应用于数控车床中。

6. 检测回馈系统

检测元件将数控车床各坐标轴的位移指令值检测出来并经回馈系统输入至数控系统中，数控系统对回馈回来的实际位移值与命令值进行比较，并向伺服系统输出达到命令值所需的位移量指令。

7. 车床主机

车床主机是加工运动的实际机械机构，主要包括主运动机构、进给运动机构、床身、刀架及润滑系统、冷却系统等。

1.1.3　数控车床的工作原理

数控加工是利用数控车床完成零件制造的一种现代机械加工方法，如图 1-2 所示。虽然数控加工与传统的机械加工相比，在加工方法和内容上有许多相似之处，但由于采用了数字化的控制形式和数控车床，所以许多传统加工过程中的人工操作被计算机和数控系统的自动控制所取代。

数控加工原理可以概括为以下几点。

（1）按照图纸技术要求和工艺要求，进行工艺分析与设计。

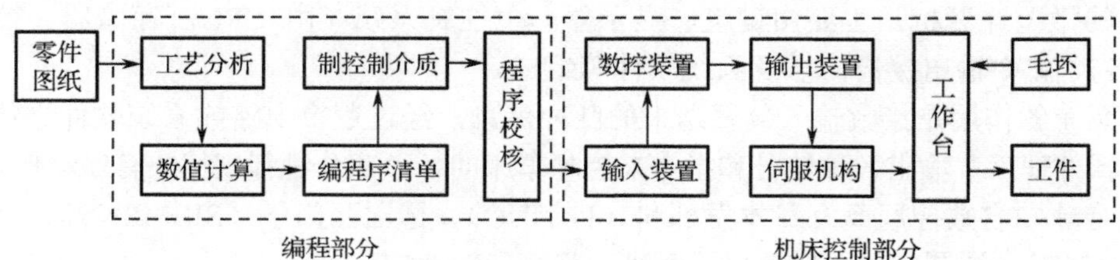

图 1-2　数控加工原理框图

（2）数值计算，编写零件加工程序。

（3）将零件加工程序输入数控系统。

（4）数控系统对零件加工程序进行处理、运算。

（5）数控系统按各坐标轴分量将命令信号送到各轴驱动电路。

（6）驱动电路对命令信号进行转换、放大后输入至伺服电动机，驱动伺服电动机旋转。

（7）伺服电动机带动各轴运动，并进行回馈控制，使刀具、工件及辅助装置严格按照加工程序规定的顺序、轨迹和参数工作，从而完成零件轮廓的加工。

1.1.4　数控车床的分类

1. 按伺服系统的类型分类

按车床进给伺服系统不同的控制方式，可分为开环控制数控车床、半闭环控制数控车床和全闭环控制数控车床。

1）开环控制数控车床

采用开环伺服系统（又称步进电动机驱动系统），没有位置检测回馈装置，如图 1-3 所示，控制精度主要取决于伺服系统的传动链及步进电动机本身，故控制精度不高，但结构简单，反应迅速，工作稳定、可靠，调试及维修均很方便，价格低。

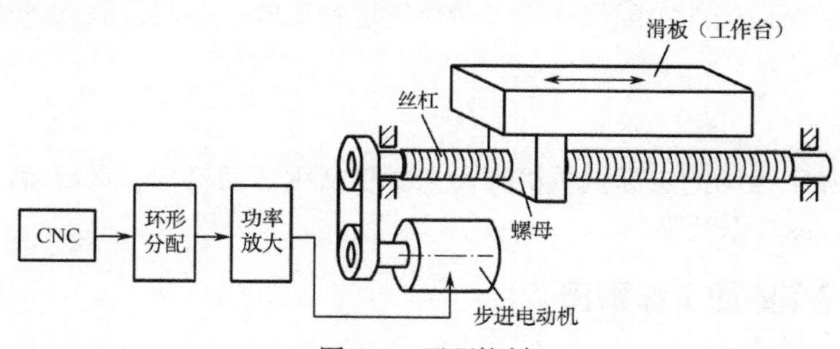

图 1-3　开环控制

2）半闭环控制数控车床

半闭环控制数控车床的控制原理如图 1-4 所示。有位置检测元件的为测量回馈装置，部分位置随动控制环路，但不把机械传动装置包括在内，故称为“半闭环”。其控制精度比开环控制高。

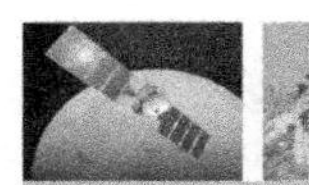

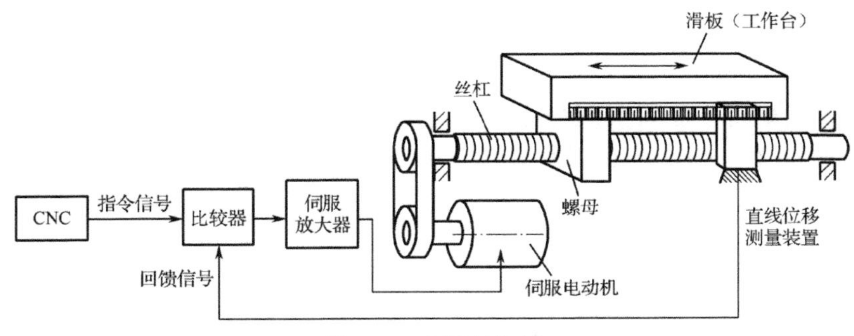

图 1-4　半闭环控制

3）全闭环控制数控车床

全闭环控制的控制精度很高，全部位置随动控制环路，如图 1-5 所示，自动检测并补偿所有的位移误差，但调试、维修工作均较困难，价格也较高。

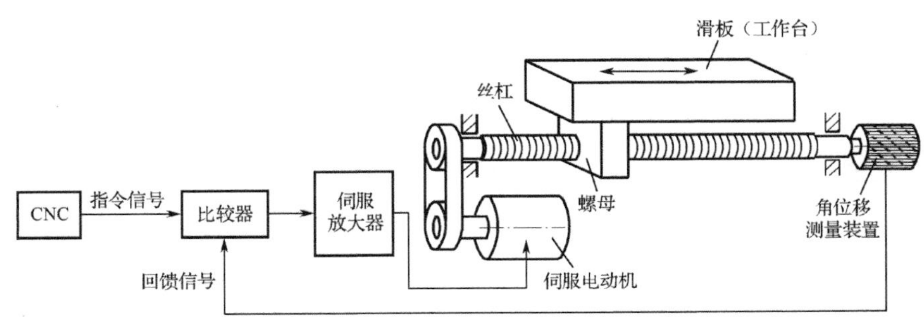

图 1-5　全闭环控制

2. 按数控车床的布局分类

数控车床的主轴、尾座等部件相对于床身的布局形式与卧式车床基本一致，刀架和床身导轨的布局形式却发生了根本变化。这是因为刀架和床身导轨的布局形式不仅影响车床的结构和外观，还直接影响车床的使用性能，如刀具和工件的装夹、切屑的清理，以及车床的防护和维修等。

数控车床床身导轨与水平面的相对位置有 4 种布局形式。

1）水平床身

水平床身的工艺性好，便于导轨面的加工。水平床身配上水平放置的刀架可提高刀架的运动精度，但水平刀架增加了车床宽度方向的结构尺寸，且床身下部排屑空间小，排屑困难，如图 1-6（a）所示。

2）水平床身斜刀架

水平床身配上倾斜放置的刀架滑板，这种布局形式的床身工艺性好，车床宽度方向的尺寸也较水平配置滑板的要小且排屑方便，如图 1-6（b）所示。

3）斜床身

斜床身的导轨倾斜角度分别为 30°、45°、75°。它和水平床身斜刀架滑板都因具有排屑容易、操作方便、占地面积小、外形美观等优点，而被中小型数控车床普遍采用，如图 1-6（c）所示。

4）立床身

从排屑的角度来看，立床身布局最好，切屑可以自由落下，不易损伤导轨面，导轨的维护与防护也较简单，但车床的精度不如其他三种布局形式高，故应用较少，如图 1-6（d）所示。

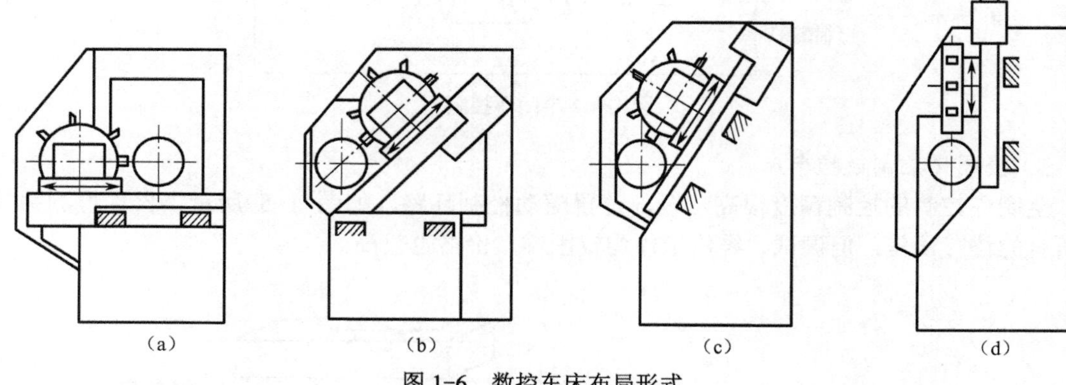

图 1-6　数控车床布局形式

3. 其他分类方法

1）按加工工艺范围分类

与普通车床分类方法一样。

2）按数控系统分类

按数控系统可分为经济型数控车床、中档数控车床和高档数控车床。

3）按数控车床主轴位置分类

按数控车床主轴位置可分为立式和卧式、立卧两用。其中，立式数控车床的主轴垂直于水平面，卧式数控车床的主轴轴线处于水平位置。

4）按数控车床刀架结构分类

按数控车床刀架结构可分为单刀架数控车床和双刀架数控车床，其中，单刀架数控车床一般分为四方刀架和多刀位转塔刀架。双刀架数控车床一般应用于数控加工中心中。

1.1.5　数控车床的刀具及夹具

1. 数控车刀的分类

车刀按切削刃形状一般分为三类，即尖形车刀、圆弧形车刀和成形车刀。

（1）尖形车刀。以直线形切削刃为特征的车刀一般称为尖形车刀。它的刀尖同时也为其刀位。

（2）圆弧形车刀。其构成主切削刃的刃形为圆弧，刀位点在圆弧的圆心上。

（3）成形车刀，俗称样板车刀。其加工零件的轮廓形状完全由车刀切削刃的形状和尺寸决定。

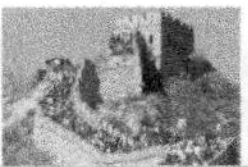

车刀按结构分为整体式、焊接式、机夹式和可转位式四种类型，如图 1-7 所示。

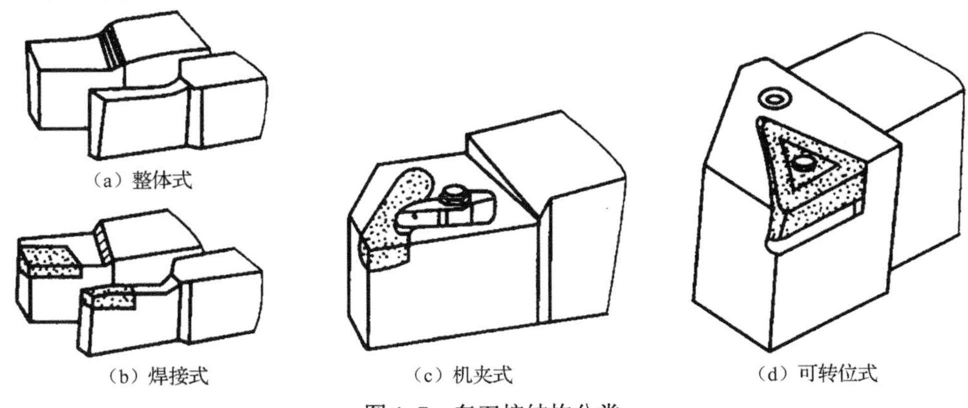

图 1-7　车刀按结构分类

车刀按特征可分为外圆车刀、切槽刀、钻孔刀、螺纹刀、麻花钻等。

2. 数控车刀的选用

数控车床上车刀的选用与普通车削用的刀具基本相同，需遵循效率原则和精度原则。此外，在数控车床上应尽可能多地使用可转位机夹车刀。由于其刀片的尺寸精度较高，刀片转位后，一般不需要进行较大的刀具尺寸补偿与调整，仅需少量位置补偿。常用的可转位机夹车刀刀片形状如图 1-8 所示。主要参数选择方法如下。

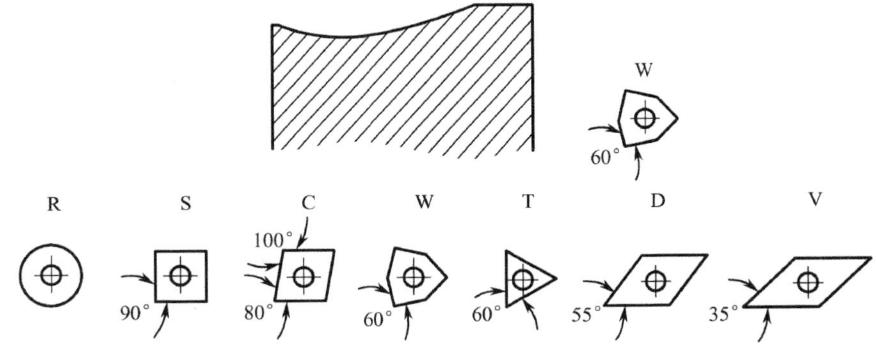

图 1-8　常用的可转位机夹车刀刀片

刀尖角的大小决定了刀片的强度。在工件结构形状和系统刚性允许的前提下，刀尖角通常选择的范围在 35°～90°之间。图 1-8 中 R 型圆刀片在切削时具有较好的稳定性，但易产生较大的径向力。

1.1.6　夹具及工件的装夹

1. 用三爪自定心卡盘装夹工件

用三爪自定心卡盘装夹工件方便、省时，自动定心性好，但夹紧力较小。三爪自定心卡盘可装成正爪或反爪两种形式，正爪适用于装夹外形规则的中小型工件[见图 1-9（a）]，反爪用来装夹直径较大的工件[见图 1-9（b）]。

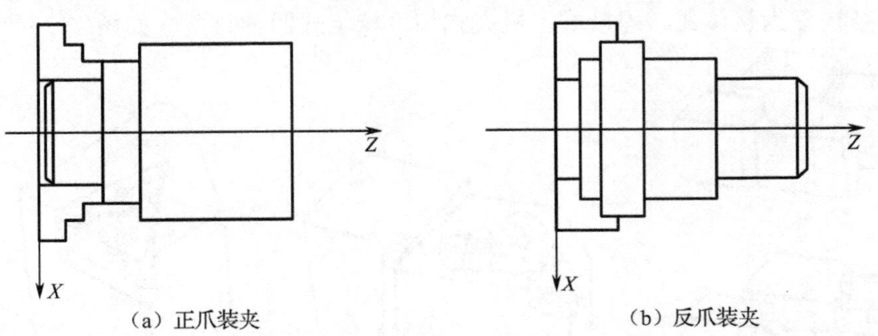

图 1-9　三爪自定心卡盘装夹工件的方式

2. 用两顶尖装夹工件

用这种方法装夹工件不需找正，每次装夹的精度高，适用于长度尺寸较大或加工工序较多的轴类工件装夹，如图 1-10 所示。

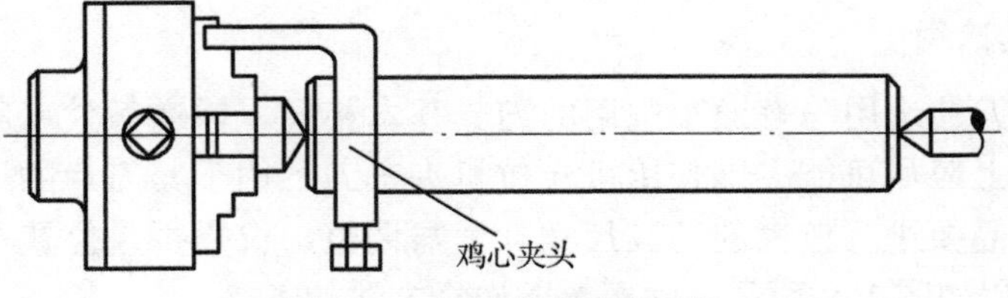

图 1-10　用两顶尖装夹工件

3. 用卡盘和顶尖装夹工件

用这种方法装夹工件刚性好，轴向定位准确，能承受较大的轴向切削力，加工安全性较好，适用于车削质量较大的工件。一般在卡盘内装一限位支承或利用工件台阶限位，防止工件由于切削力的作用而产生轴向位移，如图 1-11 所示。

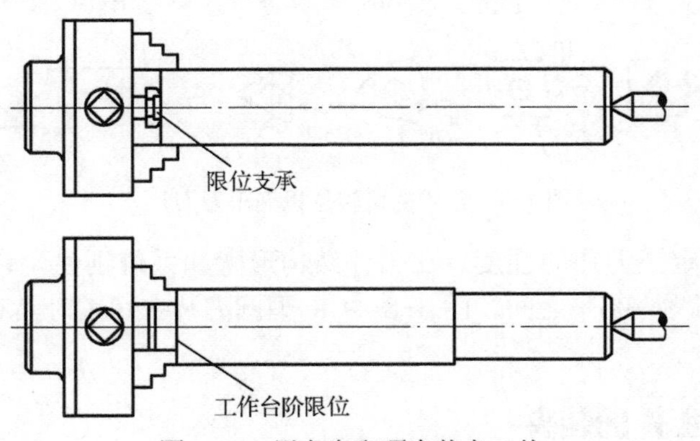

图 1-11　用卡盘和顶尖装夹工件

4. 用花盘装夹工件

当加工表面的回转轴线与基准垂直时，外形复杂的零件可以夹在花盘上加工，如图 1-12 所示。

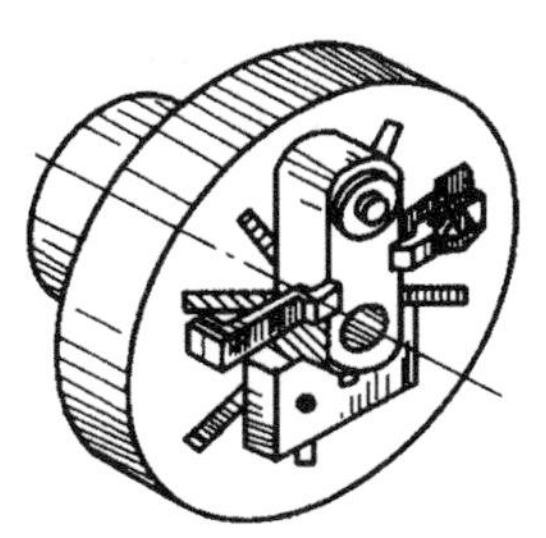

图 1-12　用花盘装夹工件

1.1.7　车床的日常维护保养

坚持做好车床的日常维护保养工作，可以延长车床的使用寿命，延长机械部件的磨损周期，防止意外恶性事故的发生，确保车床能长时间稳定工作。使用车床时应注意下列问题：

（1）提高操作人员的综合素质。数控车床的使用难度比普通车床的使用难度要大，因为数控车床是典型的机电一体化产品，它涉及的知识面较宽，即操作者应具有机、电、液、气等更宽广的专业知识，因此对操作人员提出的素质要求是很高的。

（2）遵循正确的操作规程。不管什么车床，它都有一套自己的操作规程。这既可以保证操作人员的安全，也可以确保设备安全和产品质量。使用者必须按照操作规程正确操作，车床在第一次使用或长期没有使用时，应先使其空转几分钟，使用中注意开机、关机的顺序和注意事项。

（3）创造一个良好的使用环境。数控车床中含有大量的电子元件，它们最怕阳光直接照射，也怕潮湿和粉尘、振动等，这些均会使电子元件受到腐蚀变坏或造成元件间的短路，从而引起车床运行不正常。数控车床的使用环境应保持清洁、干燥、恒温、无振动，电源应保持稳压，一般只允许±10%波动。

（4）尽可能提高数控车床的开动率。新购置的数控车床应尽快投入使用，因为设备在使用初期故障率相对来说大一些，用户应在保修期内充分利用车床，使其薄弱环节尽早暴露出来，在保修期内得以解决。在缺少生产任务时，也不能空闲不用，要定期通电，每次空运行 1 小时左右，利用车床运行时的发热量来去除或降低机内的湿度。

（5）冷静对待车床故障。数控车床在使用中不可避免地会出现一些故障，此时操作者要冷静对待，不可盲目处理，以免产生更严重的后果，要注意保留现场，待维修人员来后如实说明故障前后情况，并参与共同分析问题，尽早排除故障。故障若属于操作原因，操作人员要及时总结经验，避免下次重复犯错。

1.2　数控车床坐标系

能力目标：

1. 能建立数控车床机床坐标系。
2. 能判断数控车床坐标轴正、负方向。

知识目标：

1. 正确理解数控车床各个坐标系的建立原则。

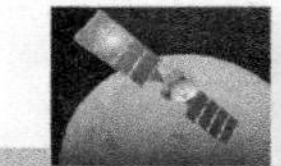
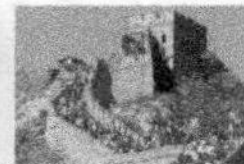

2. 掌握数控车床、工件、编程坐标系之间的区别。

3. 数控车床坐标系正方向的判定方法。

相关知识

在数控车床上，通常使用的有两个坐标系：一个是机床坐标系；另一个是工件坐标系，也叫作程序坐标系。

1. 建立坐标系的基本原则

数控机床坐标系采用右手直角笛卡儿坐标系。如图 1-13 所示，大拇指的方向为 *X* 轴的正方向，食指指向为 *Y* 轴的正方向，中指指向为 *Z* 轴的正方向。在确定了 *X*、*Y*、*Z* 坐标的基础上，根据右手螺旋法则，可以很方便地确定出 *A*、*B*、*C* 三个旋转坐标的方向。

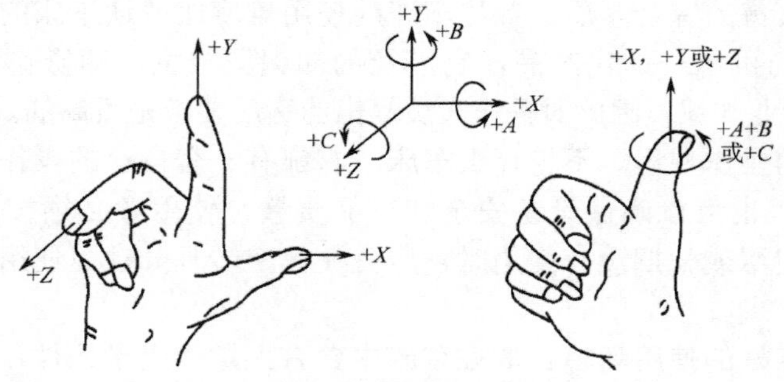

图 1-13　右手直角笛卡儿坐标系

（1）规定 *Z* 坐标的运动由传递切削动力的主轴决定，与主轴轴线平行的坐标轴即为 *Z* 轴，*X* 轴为水平方向，平行于工件装夹面并与 *Z* 轴垂直。

（2）规定以刀具远离工件的方向为坐标轴的正方向。

依据以上原则，当车床为前置刀架时，*X* 轴正向向前，指向操作者，如图 1-14 所示；当车床为后置刀架时，*X* 轴正向向后，背离操作者，如图 1-15 所示。

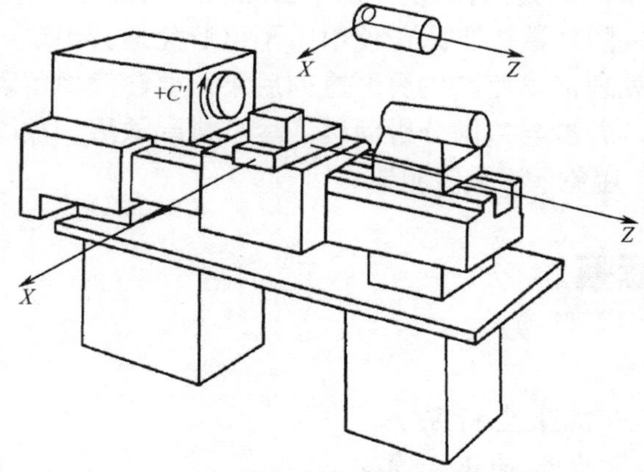

图 1-14　水平床身前置刀架数控车床坐标系

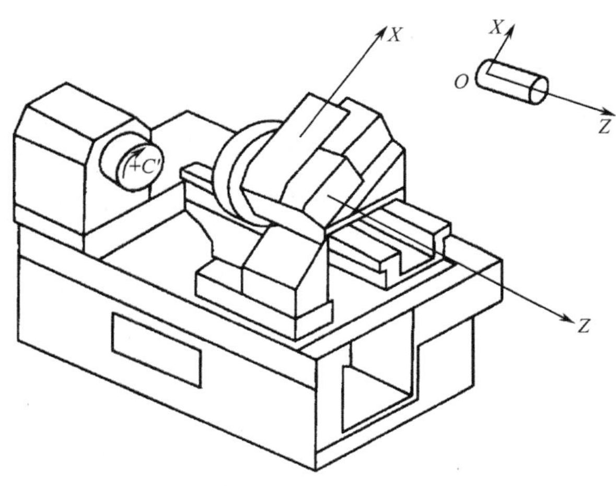

图 1-15　倾斜床身后置刀架数控车床坐标系

2. 机床坐标系

为了确定机床的运动方向和移动距离，就要在机床上建立一个坐标系，该坐标系称为机床坐标系，机床坐标系是以机床原点为坐标系原点建立起来的 *ZOX* 轴直角坐标系。

1）机床原点

机床原点（又称机械原点）即机床坐标系的原点，是机床上的一个固定点，其位置是由机床设计和制造单位确定的，通常不允许用户改变。数控车床的机床原点一般为主轴回转中心与卡盘后端面的交点，如图 1-16 所示。

2）机床参考点

机床参考点也是机床上的一个固定点，它是用机械挡块或电气装置来限制刀架移动的极限位置，主要用来给机床坐标系一个定位。如果每次开机后无论刀架停留在哪个位置，系统都把当前位置设定成（0，0），就会造成基准的不统一。

数控车床在开机后首先要进行回参考点（也称回零点）操作。车床在通电之后，返回参考点之前，无论刀架处于什么位置，此时 CRT 上显示的 *Z* 与 *X* 的坐标值均为 0。完成返回参考点操作后，刀架运动到机床参考点，此时 CRT 上显示出刀架基准点在机床坐标系中的坐标值，即建立了机床坐标系。

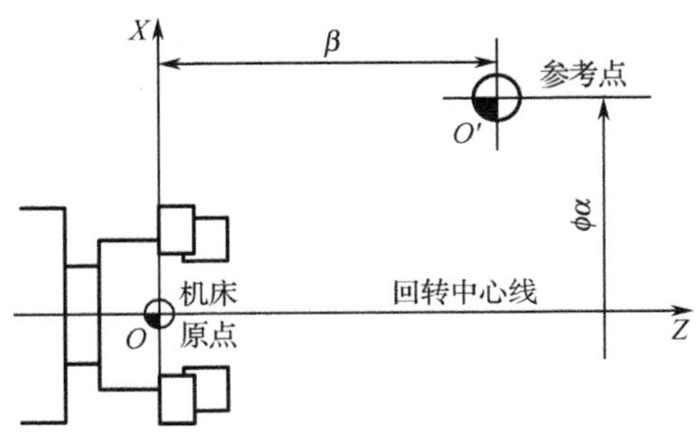

图 1-16　机床原点

3. 工件坐标系

数控车床加工时，工件可以通过卡盘夹持于机床坐标系下的任意位置，这样一来在机床坐标系下编程就很不方便，所以编程人员在编写零件加工程序时通常要选择一个工件坐标系，也称编程坐标系，程序中的坐标值均以工件坐标系为依据。工件坐标系的原点可由编程人员根据具体情况确定，一般设在图样的设计基准或工艺基准处。根据数控车床的特点，工件坐标系原点通常设在工件左、右端面的中心或卡盘前端面的中心。从理论上讲，工件坐标系的原点选在工件上任何一点都可以，但这可能带来烦琐的计算问题，增添编程的困难。为了计算方便，简化编程，通常把工件坐标系的原点选在工件的回转中心上，具体位置可考虑设置在工件的左端面（或右端面）上，尽量使编程基准与设计基准、定位基准重合。

机床坐标系是机床唯一的基准，所以必须要弄清楚程序原点在机床坐标系中的位置，通常在接下来的对刀过程中完成。对刀的实质是确定工件坐标系的原点在唯一机床坐标系中的位置。对刀是数控加工中的主要操作和重要技能。对刀的准确性决定了零件的加工精度，同时对刀效率还直接影响数控加工效率。

（1）把坐标系原点设在卡盘面上（见图 1-17）。

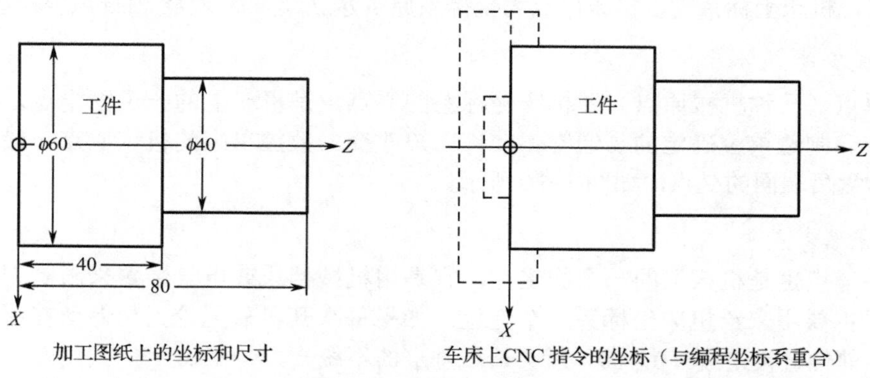

图 1-17　工件原点（1）

（2）把坐标系原点设在零件端面上（见图 1-18）。

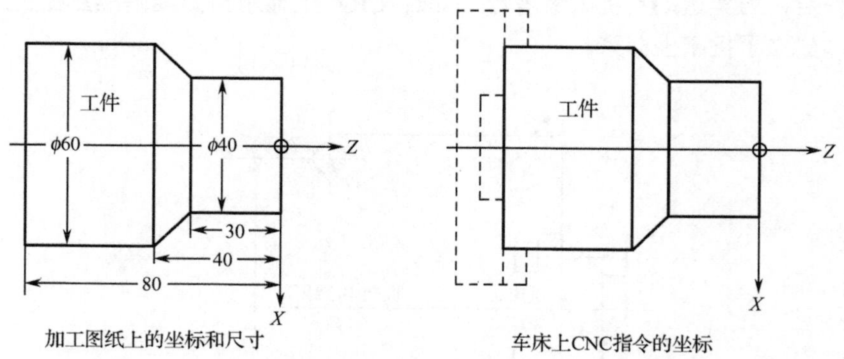

图 1-18　工件原点（2）

用数控车床加工零件时，刀具与工件的相对运动必须在确定的坐标系中进行。编程人

员必须熟悉车床坐标系统。规定数控车床的坐标轴及运动方向，是为了准确地描述车床的运动，简化程序的编制方法，并使所编程序具有互换性。

1.3　数控车床基本操作

能力目标：

1. 了解数控车床操作面板结构。
2. 了解数控车床零件加工原理。
3. 了解数控车床基本对刀操作技能。

知识目标：

1. 了解数控车床操作面板各功能键的作用。
2. 掌握数控车床手动操作、程序输入、刀具参数设置等基本操作。
3. 重点掌握数控车床的对刀操作。

不同厂家生产的数控车床，其面板是不同的，现以表 1-1 所示的 FANUC 0i 标准车床面板为例进行讲解。

表 1-1　操作面板功能表

编号	符　号	名　称	编号	符　号	名　称
1		编辑方式	22		手动冷却液开闭
2		手动数据输入方式	23		手动润滑开闭
3		自动操作方式	24		卡盘卡紧松开
4		手动操作方式	25		台尾前进后退
5		手摇脉冲进给方式	26		液压启动停止
6		进给保持 II 键	27		手动主轴反转
7	X1 F0	手摇脉冲单位 0.001 mm G00 速度 F0	28		手动主轴正转
8	X10 25%	手摇脉冲单位 0.01 mm G00 脉冲倍率 25%	29		手动主轴点动
9	X100 50%	手摇脉冲单位 0.1 mm G00 脉冲倍率 50%	30		手动主轴停
10	100%	G00 脉冲倍率 100%	31		手动主轴升速
11	F2	门开关	32		手动主轴降速
12		单程序段	33	88	（左）主轴速度挡位显示 （右）当前刀号显示

续表

编号	符　号	名　称	编号	符　号	名　称	
13		任选程序段跳过	34		数控系统上电	
14		空运转	35		数控系统断电	
15		车床锁住	36		循环启动	
16		*X*轴负向点动	37		进给保持	
17		*X*轴正向点动	38		手摇脉冲发生器	
18		*Z*轴负向点动	39		进给倍率开关	
19		*Z*轴正向点动	40		急停按钮	
20		手动快速	41	X Z	X	手摇*X*轴方式
21		手动选刀	42		Z	手摇*Z*轴方式

1.3.1　数控车床操作面板

1. 车床准备

1）车床送电

合上总电源开关，工作照明灯亮。

2）数控系统送电

将车床操作面板上的“1”启动按钮按下，数秒后显示屏亮，显示有关位置和指令信息；车床操作面板上的指示灯全亮，5 秒后刀号和挡位显示器开始交替显示，其他键的指示灯转为正常显示，数控系统上电完成并进入正常操作状态。无论任何时候，只要按下“0”断电按钮，数控系统即刻断电。

2. 车床基本操作

1）操作方式选择

5 个键是操作方式选择键，用于选择车床的 5 种操作方式。任何情况下，仅能选择一种操作方式，被选择操作方式的指示灯亮。任何情况下，只能一个指示灯亮，其他都是不正常状态。

（1）编辑方式

编辑方式是输入、修改、删除、查询、检索工件加工程序的操作方式。在输入、修改、删除工件加工程序操作前，要将软开关程序保护打到 ON 位置。在这种方式下，工件程序不能运行。

（2）手动数据输入（MDI）方式

在这种方式下，可以通过数控系统（CNC）键盘输入一段程序，然后按循环启动按钮予以执行。通常这种方式用于简单的测试操作。

操作步骤如下：

① 按键，指示灯亮，进入 MDI 操作方式。

② 按 CNC 键盘上的“PRGRM”键。

③ 按“PAGE”键，显示出左上方带 MDI 的画面。

④ 通过 CNC 字符键盘输入程序的指令字，按“INPUT”键。在显示屏右半部分将显示出所输入的指令字。

⑤ 待全部指令字输入完毕按下循环启动按钮，按钮指示灯亮，程序进入执行状态。执行完毕，指示灯灭，程序指令随之删除。

同一程序段的指令要再次执行，必须重新输入。一次只能执行一个程序段。

（3）自动操作方式

自动操作方式是按照程序的指令控制车床连续自动加工的操作方式。

自动操作方式启动前必须用正确的对刀方法准确地测定出各个刀的刀补值并置入程序指定的刀具补偿单元。

自动操作方式启动前必须将刀架准确地移动到工件程序所指定的起始点位置。

自动操作的基本步骤如下：

① 按键，选择自动操作方式。

② 选择要执行的程序。

③ 按下循环启动按钮，按钮指示灯亮，自动加工循环开始。

④ 程序执行完毕，循环启动按钮指示灯灭，加工循环结束，程序返回到开头，准备下一次执行。

程序自动运行在下列情况下时被终止：

① 执行了 M02 及 M30 指令（正常终止）。

② 按下 CNC 键盘上的复位键。按下急停按钮。

程序自动运行在下列情况下时被暂停：

① 进给保持按钮被按下，按钮指示灯亮，此时只要再按下循环启动按钮，程序就恢复自动运行。

② 操作方式脱离了自动操作方式，此时只要重按自动操作方式键，使车床返回自动操作方式，然后再按循环启动按钮，程序即刻恢复自动运行。

程序执行了 M00 指令，按循环启动按钮，程序即刻恢复自动运行。

程序执行了 M01 指令，按循环启动按钮，程序即刻恢复自动运行。

单程式段按钮亮，按循环启动按钮，程序继续运行。只要单程式段开关不关断，每按一次循环启动按钮只能执行一个程序段。

（4）手动操作方式

按下键，指示灯亮，车床进入手动操作方式。在这种方式下可以实现车床所有手动功能的操作。

按着键，刀架向 X 轴负方向移动，松开则停止移动。

按着键，刀架向 X 轴正方向移动，松开则停止移动。

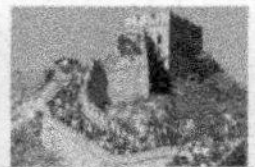

按着⬅键，刀架向 Z 轴负方向移动，松开则停止移动。

按着➡键，刀架向 Z 轴正方向移动，松开则停止移动。

进给轴移动速率由进给倍率开关的位置决定。10%对应最低速率 2 mm/min；150%对应最高速率 1 260 mm/min。

进给倍率开关放在零位，进给倍率为 0，进给轴停止。

① 快速点动及快速倍率

同时按下某一方向上的点动键与快速倍率选择键时，进给轴快速移动。松开快速选择键，将轴移动恢复成点动速度。

快移速度=参数 Prm1422 设定的快移速度×快速倍率

快速倍率有四种选择：F0、25%、50%、100%，用四个键选定。按下其中任意一个键，其指示灯亮，其余三个灭，该键上的百分数就是当前的快速倍率，F0 为参数设置的固定低速。

② 主轴变速

在手动方式下可在本挡范围内升高或降低主轴转速。按一下升/降速按钮变化一个 ΔS（由 K3 设定），按的时间超过 5 秒则连续变化。

③ 主轴正转、反转、停止

按照主轴的变挡图表，用 M 指令选定主轴变速挡位。

按下主轴正转键，指示灯亮，主轴正转。

按下主轴反转键，指示灯亮，主轴反转。

按下主轴停止键，指示灯亮，主轴停止。

在自动或 MDI 方式下，执行主轴正转指令（M03）后主轴正转，主轴正转指示灯亮。执行主轴反转指令（M04）后主轴反转，主轴反转指示灯亮。执行主轴停止指令（M05）后主轴停止转动，正转和反转指示灯全灭。

④ 主轴点动

按着主轴点动键，主轴旋转，抬手则主轴停转。

⑤ 冷却液开闭

按下冷却液键，指示灯亮，冷却液泵通电工作。打开冷却液阀门，冷却液喷出。若再按一下此键，则指示灯灭，冷却液泵断电，冷却液阀门关闭。

在自动或 MDI 方式下，如果执行了冷却液开指令（M08），则该键的指示灯亮。执行了冷却液关指令（M09），或再按一下该键，则该键的指示灯灭，冷却液阀门关闭。

⑥ 手动选刀

按住手动选刀键，刀架自动松开，然后逆时针方向转位，在到达目标位之后释放选刀键，刀架自动反转，然后锁紧在目标位置上。数码显示器的右位显示出当前的刀位号。

手动选刀键可以实现按一次转一个刀位。

（5）手摇脉冲进给方式

按下键，指示灯亮，车床处于手摇进给操作方式。用 X Z 开关选择 X 轴或 Z 轴后，操作者可以摇动手摇轮（手摇脉冲发生器）令刀架前后、左右运动。其速度快慢随意

调节，非常适合于近距离对刀等操作。

操作步骤如下：

① 选择手摇进给操作方式。

② 选择手摇脉冲倍率[X1 F0][X10 25%][X100 50%]。手摇脉冲倍率有 0.001/0.01/0.1 三种，应根据快、慢、精、粗要求任选其一，被选的倍率指示灯亮。这样手摇轮每刻度当量值就得以确定。

③ 选择手摇进给轴。把X Z开关拨至 X 位置，选择 *X* 轴；拨至 Z 位置，选择 *Z* 轴。

④ 顺时针方向或逆时针方向摇动手摇轮。

在手摇进给方式下也可以执行主轴变速、主轴启停、冷却液阀门开闭、选刀等手动操作。

2）循环启动和进给保持

（1）循环启动键：在自动操作方式和手动数据输入方式（MDI）下都用它启动程序的执行。在执行程序期间，其上指示灯亮。

（2）进给保持键：在自动操作方式和手动数据输入方式（MDI）下，在程序执行期间，按下此键，其上指示灯亮，暂停执行程序。再次按下循环启动键，程序继续执行。

（3）进给保持II键：在自动操作方式和手动数据输入方式（MDI）下，在程序执行期间，按下此键，其左上角指示灯亮，暂停执行程序并且主轴停转，再次按下循环启动键，进给保持II键指示灯灭，主轴按原方向恢复转动，程序继续执行。

（4）进给倍率调整开关如下。

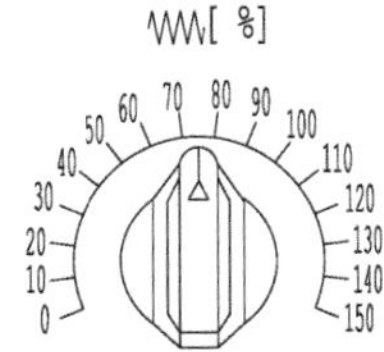

在程序运行期间，可以随时利用这个开关对程序中给定的进给速度进行调整，以达到最佳切削效果。调整后的实际进给速度可以通过显示屏观察到。调整范围为 10%～150%。

3）试运行（空运行）操作

试运行操作也可称为空运行操作，是在不切削工件的条件下试验、检查新输入工件加工程序的操作。为了缩短调试时间，在试运行期间进给速率被系统强制在最大值上。

操作步骤如下：

① 选择自动方式，调出要试验的程序。

② 按下试运行键，试运行键指示灯亮，以示试运行状态有效。

③ 按下循环启动键，该键指示灯亮，试运行操作开始执行。

4）车床锁住操作

按下键，指示灯亮，车床锁住状态有效。再按一次，指示灯灭，车床锁住状态解除。

在车床锁住状态下，各轴移动操作只能使位置显示值变化，而车床各伺服轴位置不变，但主轴、冷却、刀架等辅助功能照常工作。

5）程序段任选跳步操作

按下键，指示灯亮，程序段跳过功能有效。再按一下键，指示灯灭，程序段跳过功能无效。

在自动操作方式下，程序段跳过功能有效期间，凡是在程序段号 N 前冠以“/”符号的程序段，全都跳过不预执行。在程序段跳过功能无效期间，所有程序段全部照常执行。

功能用途：在程序中编写若干特殊的程序段（如试切、测量、对刀等），将这些程序段号 N 的前面全部冠以“/”符号，使用此程序段跳过功能就可以控制车床操作有选择地执行这些程序段。

6）单程式段操作

在自动方式下，按下键，其指示灯亮，单程式段功能有效。再按一下键，其指示灯灭，单程式段功能撤销。在程序连续运行期间允许切换单程式段功能键。

在自动操作方式下单程式段功能有效期间，每按一次循环启动按钮，仅执行一个程序段，执行完就停下来。只有再次按下循环启动按钮才能执行下一程序段。

功能用途：主要用于测试程序。可根据实际情况，与试运行、车床锁住、程序段跳过功能组合使用。

7）车床超程限位和解除

在操作过程中，由于某种原因（操作失误、编程数据错误等）可能会使车床伺服轴在某一方向上的移动位置超出由参数 Prm1320、Prm1321 设定的安全区域，数控系统会发出报警并停止伺服轴的移动。此时沿着超程轴反方向移动，进入安全区，即可正常操作。

8）紧急停止操作

在车床操作面板的右下角有一个红色蘑菇头急停按钮。如果发生危险情况，立即按下急停按钮，机床的全部动作停止并且复位。该按钮能自锁，当险情或故障排除后，将按钮顺时针旋转一个角度即可复位。

车床在急停按钮被按下后，主轴由于惯性可能仍要转动 3～5 秒；刀架也会有少量滑行。

9）车床导轨润滑操作

每当车床送电后就自动进入导轨行程润滑，导轨行程润滑通过计算伺服轴的累计移动距离来控制导轨润滑泵的启停，启动（注油）时间由 T21（ms）设置，行程上限由 D152（cm）设置，根据需要，操作者可自行调节。如果一直按着导轨润滑按钮，润滑泵将连续工作。

1.3.2 数控车床对刀

1. 形状偏置对刀

通过手动方式分别在工件 X、Z 方向上试车削，通过系统自动计算将刀偏值（当实际刀位点处在工件原点时，它与机床原点的距离）写入参数从而获得工件坐标系。可为每一把刀建立单独的工件坐标系。这种方法操作简单，可靠性好，通过刀偏与机床坐标系紧密联系在一起，只要不断电、不改变刀偏值，工件坐标系就会存在且不会变，即使断电，重启后回参考点后工件坐标系还在原来的位置。如图 1-19 所示为分别把 *X*、*Z* 方向对刀的数值输入形状补偿中。

OFFSET / GEOMETRY　　O0001　　N 0370

NO.	X	Z	R	T
G 01	0.000	0.000	0.000	0
G 02	0.000	0.000	0.000	0
G 03	0.000	0.000	0.000	0
G 04	0.000	0.000	0.000	0
G 05	0.000	0.000	0.000	0
G 06	0.000	0.000	0.000	0
G 07	0.000	0.000	0.000	0
G 08	0.000	0.000	0.000	0

Actual Position(RELATIVE)

U　304.301　W　201.017

S　0　　1

ADRS　　AUTO

[WEAR]　[GEOM]　[W.SHIFT][MACRO　][　　]

图 1-19　数控车床形状补偿界面

1）*外圆刀的对刀方法*

Z 向对刀如图 1-20（a）所示。先用外圆刀手动将工件端面（基准面）车削出来；车削端面后，刀具可以沿 *X* 方向移动退出，但不可沿 *Z* 方向移动。

Z 轴偏移参数输入：进入 OFFSET/SETTING 的“形状”显示窗口，按光标键选择与刀具号对应的参数号，输入“Z0”，按软键“测量”。系统自动计算出当前刀架基准点在机床坐标系中的坐标值，并作为 *Z* 向偏置量自动输入至对应刀号的 *Z* 值中。

X 向对刀如图 1-20（b）所示。车削任一外径后，使刀具沿 *Z* 向移动退出，待主轴停止转动后，测量刚车削出来的外径尺寸。例如，测量值为 58.76 mm。

X 轴偏移参数输入：进入 OFFSET/SEETING 的“形状”显示窗口，输入“X58.76”，按软键“测量”。系统自动计算出当前刀架基准点在机床坐标系中的坐标值，并作为 *X* 向偏置量自动输入至对应刀号的 *X* 值中。

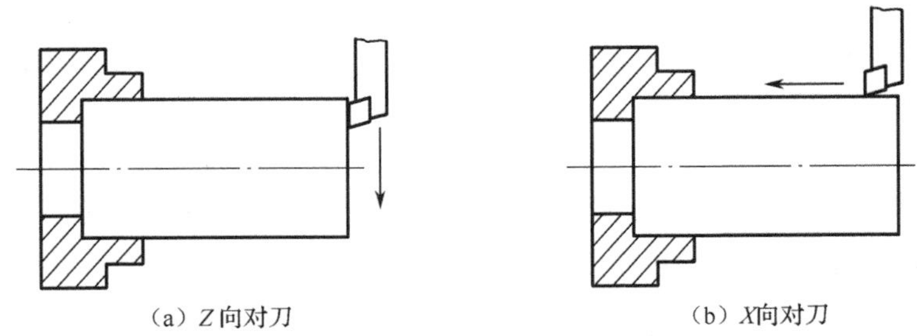

（a）*Z* 向对刀　　（b）*X* 向对刀

图 1-20　外圆粗车刀补偿设定

2）*内孔刀的对刀方法*

内孔刀的对刀方法类似于外圆刀的对刀方法。

（1）*Z* 向对刀。内孔车刀轻微接触到已加工好的基准面（端面）后，刀具暂不移动。*Z*

轴偏置参数输入“Z0”，按软键“测量”，然后将刀具移开。

（2）X 向对刀。任意车削一内孔直径后，Z 向移动刀具退出内孔，停止主轴转动，然后测量已车削好的内径尺寸，如测量值为 35.56 mm，则 X 轴偏置参数输入“X35.56”，并按软键“测量”。

3）钻头、中心钻的对刀方法

（1）Z 向对刀。钻头（或中心钻）轻微接触到基准面后，钻头暂不移动。Z 轴对刀输入“Z0”，并按软键“测量”，然后将钻头移开。

（2）X 向对刀。主轴不必转动，以手动方式将钻头沿 X 轴移动到钻孔中心，即屏幕显示的机床坐标为“X0”时。X 轴偏置参数输入“X0”，并按软键“测量”。

2. G50 指令设定工件坐标系

格式：G50X（a）Z（b）

程序段中的 a、b 是刀位点在工件坐标系中的坐标值。

（1）手动车削一外圆，刀具沿 Z 向退出，测量外径值，如直径 62 mm，进入 MDI 编程方式，输入“G50 X62.”，按循环启动按钮，刀具当前位置被设定为工件坐标系的 X62。

（2）手动车削端面，刀具沿 X 向退出，进入 MDI 编程方式，输入“G50 Z0”，按循环启动按钮，则当前位置被设定为工件坐标系的 Z0。

（3）如“G50　X100. Z150.”在加工程序首段，则在（1）、（2）步完成后进入 MDI 编程方式，输入“G50　X100. Z150.”，按循环启动按钮使刀具移动到工件坐标系的 X100. Z150.处。

G50 是一个非运动指令，只起预置寄存作用，作为第一条指令放在整个程序段的前面。应该注意，在指定了一个 G50 以后，直到下一个 G50 指令到来之前，这个设定的坐标系一直是有效的。另外，在 G50 程序段中，不允许有其他功能指令，但 S 指令除外，因为 G50 指令还有另一个作用，即在恒线速度切削（G96）方式中，可以用 G50 来做最高转速限制用。

用 G50 指令设定工件坐标系要注意以下几点。

（1）一旦某刀具在某车床位置建立了工件坐标系，就不能在车床其他位置调用已设定好的 G50 指令来建立该刀具的工件坐标系，即必须在车床的固定位置建立和撤销工件坐标系。

（2）建立的车床固定位置可为刀具的换刀点。此点设定时注意应离工件较近，换刀时不碰工件、尾座等，调换工件较方便，且为机床坐标系的一个整数位。

（3）当前刀具加工结束回到换刀点时，必须撤销所有的刀具补偿，如取 T0100，以防止在转换到其他刀具工件坐标系或回到机床坐标系时产生偏差而引起加工误差。

3. 用 G54～G59 设置工件零点

此方法是将工件零点在机床坐标系中的坐标值输入至 G54～G59 任一参数中，通过程序执行相应的 G54 或 G55～G59 代码，从而确定工件零点位置，建立工件坐标系。

（1）用外圆车刀先试车一外圆，测量外圆直径后，把刀沿 Z 轴正方向退回，用当前机床坐标系坐标值减去外圆直径值的结果直接输入至 G54～G59 的 X 值里。

（2）车端面后将当前机床坐标系的 Z 值直接输入至 G54～G59 的 Z 值里。

（3）程序直接调用，如 N10 G54。

思考与练习 1

一、选择题

1. 根据加工零件图样选定的编制零件程序的原点是（　　）。
   A. 机床原点　　B. 编程原点　　C. 加工原点
2. 精加工时，切削速度选择的主要依据是（　　）。
   A. 刀具寿命　　B. 加工表面质量
3. 在确定定位方案时，应尽量将（　　）。
   A. 工序分散　　B. 工序集中
4. 刀具远离工件的运动方向为坐标的（　　）方向。
   A. 左　　B. 右　　C. 正　　D. 负
5. 在安排工步时，应先安排（　　）。
   A. 简单的　　B. 对工件刚性破坏较小的
6. 数控车削工件时，一般按（　　）来划分工序。
   A. 零件装夹定位　　B. 刀具　　C. 工件形状
7. 数控车床在（　　）模式下，选择开关应放在 MDI。
   A. 快速进给　　B. 手动数据输入　　C. 回零
8. 如仅执行一个程序段 M03 S1000 启动主轴运转，可采用（　　）模式。
   A. JOG　　B. MDI　　C. AUTO
9. 数控车床（　　）模式下，选择开关应放在 AUTO。
   A. 自动状态　　B. 手动数据输入　　C. 回零
10. 数控车床快速进给速率选择的倍率对手动脉冲发生器的速率（　　）。
    A. 25%有效　　B. 50%有效　　C. 无效　　D. 100 %有效
11. 当数控车床手动脉冲发生器的选择开关位置在（　　）时，手轮的进给单位是 0.1 mm/格。
    A. X100　　B. X10　　C. X1　　D. X1000
12. 数控车床的主要参数为（　　）。
    A. 最小输入量（或脉冲当量）
    B. 中心高、最大车削长度、主轴内孔直径锥度等
    C. 伺服控制功能
    D. 主轴功能、编程功能
13. 检测回馈装置按测量方法分为（　　）。
    A. 增量式检测回馈装置　　B. 绝对式检测回馈装置
    C. 直接、间接测量回馈装置　　D. 旋转型、直线型检测回馈装置
14. 数控车床 Z 坐标轴规定为（　　）。
    A. 平行于主切削方向　　B. 工件装夹面方向

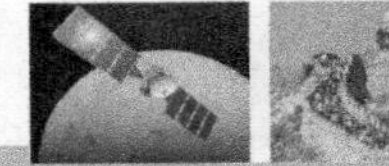

C．各个主轴任选一个　　D．传递切削动力主轴轴线

15．机床坐标系原点又称（　　）。

A．固定原点　　B．标准原点　　C．浮动原点　　D．程序原点

16．数控系统在工作时，必须将某一坐标方向上所需的位移量转换为（　　）。

A．相应位移量　　B．步距角　　C．脉冲当量　　D．脉冲数

17．一般数控系统的组成为（　　）。

A．输入装置、顺序处理装置　　B．数控装置、伺服系统、回馈系统

C．整体式、分体式　　D．数控柜、驱动柜

18．数控系统的功能包括（　　）。

A．插补运算功能　　B．控制功能、编程功能、通信功能

C．循环功能　　D．刀具控制功能

19．数控车床加工程序是（　　）。

A．获得控制介质

B．信息代码

C．按规定格式描述零件几何形状和加工工艺数控指令集

D．工艺卡规定

20．数控车床结构特点包括（　　）。

A．可控坐标轴　　B．驱动方式　　C．显示功能　　D．运动传动链短

21．典型零件数控车削加工工艺包括（　　）。

A．确定零件的定位基准和装夹方式　　B．典型零件的有关注意事项

C．伺服系统运用　　D．典型零件的有关说明

二、判断题

1．数控车床与普通车床用的可转位车刀通常有本质区别，其基本结构、功能特点都是不相同的。（　　）

2．选择数控车床用的可转位车刀，钢和不锈钢属于同一工件材料组。（　　）

3．机械回零操作时，必须是原点指示灯亮才算完成。（　　）

4．当按下电源“ON”时，可同时按“CRT”面板上的任何键。（　　）

5．手动数据输入（MDI）时，模式选择钮应置于自动（AUTO）位置上。（　　）

6．由于数控车床的先进性，任何零件均适合在数控车床上加工。（　　）

7．为保证工件轮廓表面粗糙度，最终轮廓应在一次进给中连续加工出来。（　　）

8．换刀点应设置在被加工零件的轮廓之外，并要求有一定余量。（　　）

9．对刀是指刀位点和对刀点重合的操作。（　　）

10．数控工序前、后一定没有穿插其他普通工序。（　　）

11．数控车床可获得比车床本身精度还高的加工精度。（　　）

12．对刀点可以设置在零件上。（　　）

13．换刀点可以设置在零件上。（　　）

14．背吃刀量由车床、工件和刀具的刚度来决定。（　　）

15．进给量主要根据零件的加工精度和表面粗糙度要求来决定。（　　）

16．主轴转速应根据允许的切削速度和工件（或刀具）直径来确定。（　　）

17．闭环数控系统是不带回馈装置的控制系统。（　　）

18．滚珠丝杠传动效率高，刚度大，可以预紧消除间隙，但不能自锁。（　　）

19．切削液有冷却、润滑和清洗作用。（　　）

20．数控加工路线的选择要尽量使加工路线缩短，以减少程序段，同时可减少空走刀时间。（　　）

三、简答题

1．对刀的目的是什么？

2．开机前为什么回参考点？在什么情况下应进行回参考点的操作？

3．什么是编程坐标系？编程坐标系与机床坐标系有何关系？在什么情况下应进行回参考点的操作？

4．数控车床与普通车床相比，具有哪些加工特点？

5．试简述数控车床工作时的控制原理。

6．数控车床一般由哪几部分组成？各有何作用？

7．数控车床开环、半闭环和闭环控制系统各有何特点？

8．数控车床对进给伺服系统有哪些要求？

9．数控车削加工工艺主要包括哪些方面？数控加工工艺具备哪些特点？

10．数控加工专用工艺文件包括哪些？

2.1 简单轴类零件加工

能力目标：

1. 能确定轴类零件的加工轨迹。
2. 会选择刀具、夹具及切削用量。
3. 掌握游标卡尺的测量方法。

知识目标：

1. 正确建立编程坐标系。
2. 重点掌握 G00、G01、M03 等编程指令。

2.1.1 工作任务

编制图 2-1 所示阶梯轴程序并加工。工件材料为 45#钢，毛坯为ϕ45 棒料。

2.1.2 任务实施

1. 加工路线的确定

此零件表面粗糙度为 12.5，且毛坯单边余量为 5 mm，故只需按图 2-2 所示加工路线即可得到此零件的外形。

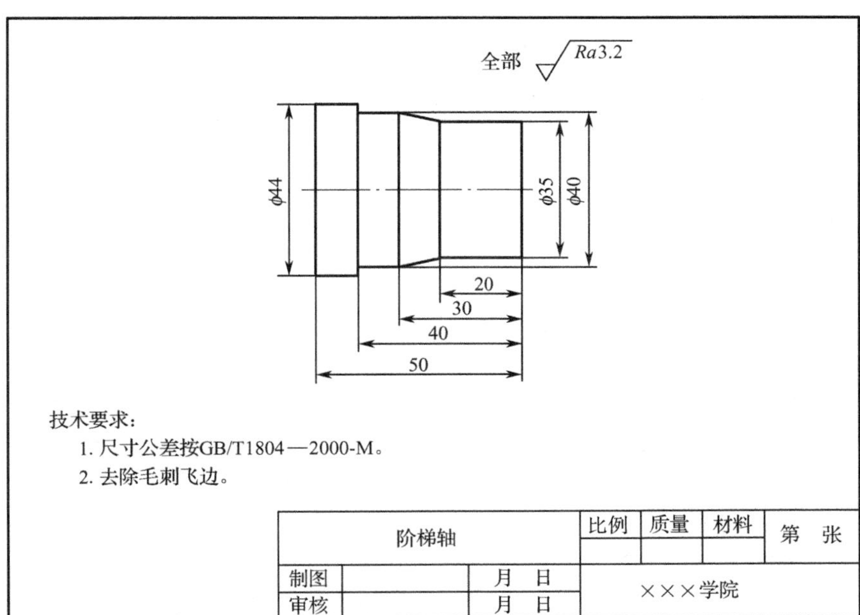

图 2-1　阶梯轴

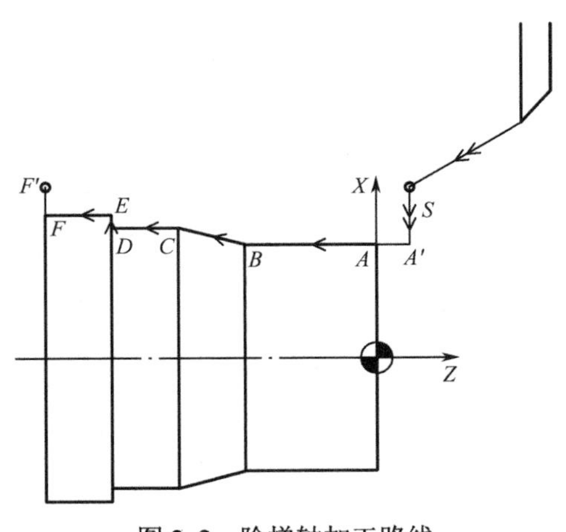

图 2-2　阶梯轴加工路线

编程坐标系原点的 X 向零点选在零件的回转中心，Z 向零点选在零件的右端面。根据此坐标系可得到图示各点的坐标，见表 2-1。

表 2-1　各点坐标

	S	A'	A	B	C	D	E	F	F'
X 坐标	50	35	35	35	40	40	44	44	50
Z 坐标	5	5	0	−20	−30	−40	−40	−50	−50

2. 刀具的选用

数控加工刀具卡片见表 2-2。

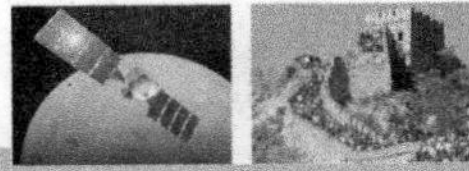

表 2-2　数控加工刀具卡片

序号	刀具名称	刀具参数	被加工表面
1	91° 外圆车刀	刀尖角 60°	外圆

3. 填写工序卡片

工序卡片见表 2-3。

表 2-3　数控加工工序卡片

<table>
<tr><td colspan="4" rowspan="2">数控加工工序卡片</td><td colspan="2">产品名称或代号</td><td colspan="2">零件名称</td><td>材料</td><td colspan="2">零件图号</td></tr>
<tr><td colspan="2"></td><td colspan="2">阶梯轴</td><td>45</td><td colspan="2"></td></tr>
<tr><td colspan="4">（单位）</td><td colspan="2">夹具名称</td><td>夹具编号</td><td>设备名称</td><td>设备型号</td><td colspan="2">车　间</td></tr>
<tr><td colspan="2">工序号</td><td colspan="2"></td><td colspan="2">三爪卡盘</td><td></td><td>数控车床</td><td></td><td colspan="2"></td></tr>
<tr><td>工步号</td><td colspan="2">程序号</td><td colspan="2">工步内容</td><td>刀具号</td><td>刀具规格（mm）</td><td>主轴转速（r/min）</td><td>进给速度（mm/r）</td><td>背吃刀量（mm）</td><td>备注</td></tr>
<tr><td>1</td><td colspan="2">O0301</td><td colspan="2">车外圆</td><td>T01</td><td></td><td>500</td><td>0.2</td><td>5</td><td></td></tr>
</table>

4. 编写程序

加工过程描述	零 件 程 序
程序名	O0301;
刀具快速移动至 S 点	G00 X50.0 Z5.0;
主轴以 500 r/min 正转	M03 S500;
刀具快速移动至 A'点	G00 X35.0 Z5.0;
刀具以进给速度为 0.2 切削至 B 点	G01 X35.0 Z-20.0 F0.2;
刀具以进给速度为 0.2 切削至 C 点	G01 X40.0 Z-30.0;
刀具以进给速度为 0.2 切削至 D 点	G01 X40.0 Z-40.0;
刀具以进给速度为 0.2 切削至 E 点	G01 X44.0 Z-40.0;
刀具以进给速度为 0.2 切削至 F 点	G01 X44.0 Z-50.0;
刀具以进给速度为 0.2 切削至 F'点	G01 X50.0 Z-50.0;
刀具快速移动至 X100，Z100 位置	G00 X100.0 Z100.0;
主轴停止	M05;
程序停止并返回	M30;

2.1.3 相关知识

1. 切削用量的选择

1）主轴转速 n 的确定

车削加工主轴转速 n 应根据允许的切削速度 v_c 和工件直径 d 按以下公式计算：

$$n=\frac{1\,000v_c}{\pi d} \tag{2-1}$$

式中　v_c——切削速度（m/min），由刀具的耐用度决定，计算时可参考附录表 B-1 或切削用量手册选取。

d——切削刃选定点处所对应工件的最大回转直径（mm）。

2）进给量的确定

进给量是数控车床切削用量中的重要参数，其大小直接影响表面粗糙度值和车削效率，主要根据零件的加工精度和表面粗糙度的要求及刀具、工件的材料性质选取。最大进给速度受机床刚度和进给系统的性能限制。

可参考附录表 B-2 及附录表 B-3 或查阅切削用量手册选取每转进给量 f，单位为 mm/r；通过公式 $v_f = nf$ 可转换为每分钟进给速度，单位为 mm/min。

确定进给速度的原则如下：

（1）当工件的质量要求能够得到保证时，为提高生产效率，可选择较高的进给速度。

（2）当切断、加工深孔或用高速钢刀具加工时，宜选择较低的进给速度。

（3）当加工精度、表面粗糙度要求较高时，进给速度应选低些。

2. 编程坐标系

编程坐标系是编程人员根据零件图样及加工工艺等建立的坐标系，只供编程使用，确定编程坐标系时不必考虑工件毛坯在车床上的实际装夹位置。编程坐标系中各轴的方向应该与所使用数控车床相应的坐标轴方向一致。

从理论上讲，编程原点选在零件上的任何一点都可以，但实际上，为了换算尺寸尽可能简便，减小计算误差，应选择一个合理的编程原点。

车削零件编程原点的 X 向零点应选在零件的回转中心。Z 向零点一般应选在零件的右端面、设计基准或对称平面内。车削零件的编程坐标系的选择如图 2-3 所示。

3. 直径编程

在车削加工的数控程序中，X 轴的坐标值取零件图样上的直径值，如图 2-4 所示。图中 A 点的 X、Z 坐标为（40，0），B 点的 X、Z 坐标为（50，-30）。采用直径尺寸编程与零件图样中的尺寸标注一致，从而可避免尺寸换算过程中可能造成的错误。

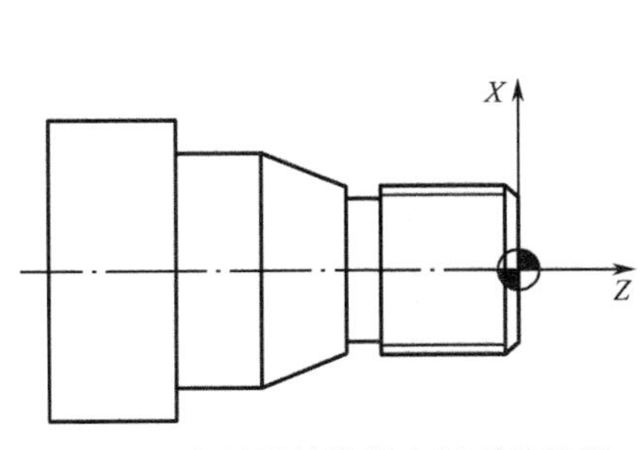

图 2-3　车削零件编程坐标系的选择

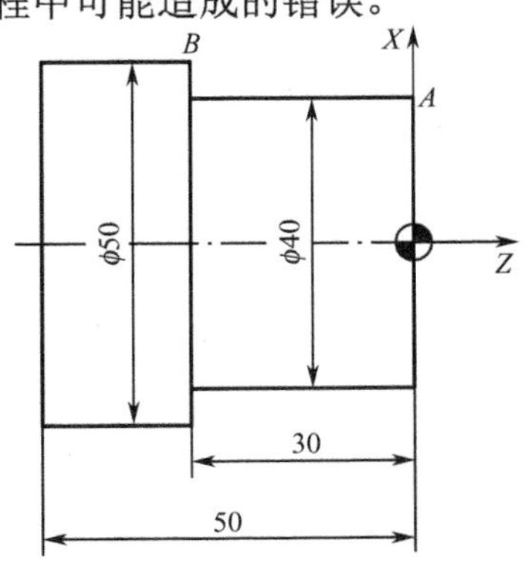

图 2-4　直径编程

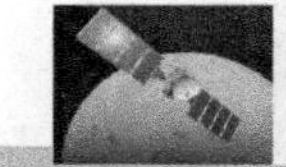

4. 基点

零件的轮廓是由许多不同的几何要素组成的，如直线、圆弧、二次曲线等，各几何要素之间的连接点称为基点。基点坐标是编程中必需的重要数据。图 2-2 中的 *A* 至 *F* 点即为图 2-1 所示阶梯轴零件的基点。

5. 切削起始点

对于车削加工，进刀时采用快速走刀接近工件切削起点附近的某个点，再改用切削进给，以减少空走刀的时间，以提高加工效率。切削起点的确定与工件毛坯余量大小有关，应以刀具快速走到该点时刀尖不与工件发生碰撞为原则。如图 2-5 所示。

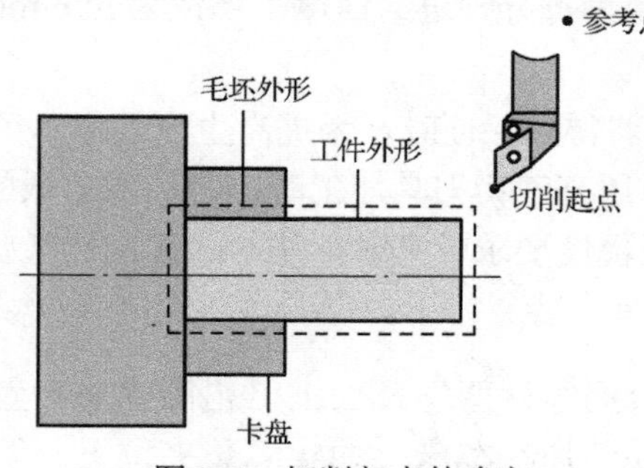

图 2-5　切削起点的确定

6. 指令介绍

1）G00——快速点定位指令

```
指令格式：G00 X（U）__ Z（W）__；
```

其中，X、Z——快速点定位终点的绝对坐标值；

U、W——快速点定位终点的相对坐标值。

例如：实现图 2-6 中从 *A* 点到 *B* 点的直线插补运动，其程序为：

```
G01 X30.0 Z20.0 或 G01 U-20.0 W-10.0;
```

快速点定位指令控制刀具以点位控制的方式快速移动到目标位置，其移动速度由系统参数设定。注意：在 FANUC 系统中，指令执行开始后，运动总是先沿 45° 角直线移动，最后再在某一轴单向移动至目标点位置，如图 2-6 所示。编程人员应了解所使用数控系统的刀具移动轨迹情况，以避免加工中可能出现的碰撞。

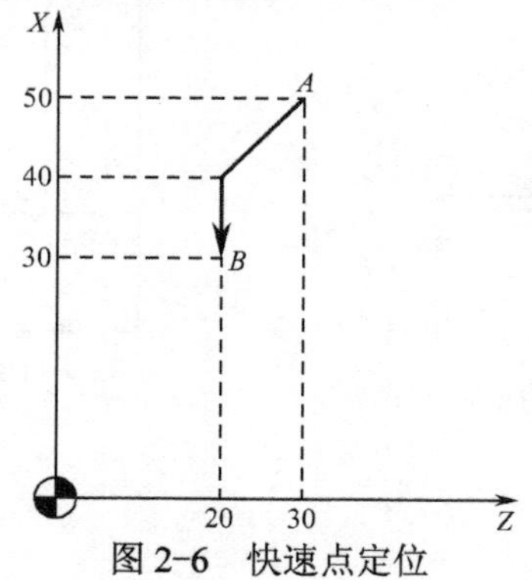

图 2-6　快速点定位

2）G01——直线插补指令

指令格式：G01 X（U）__ Z（W）__ F__；

其中，X、Z——直线插补终点的绝对坐标值；

U、W——直线插补终点的相对坐标值；

F——进给速度，FANUC 数控车床默认为每转进给（G99）通过 G98 指令可设置为每分钟进给。

例如：实现图 2-7 中从 *A* 点以 0.1mm/r 的速度直线插补至 *B* 点，其程序为：

```
G01 X28.0 Z-34.0 F0.1 或 G01 U8.0 W-15.0 F0.1;
```

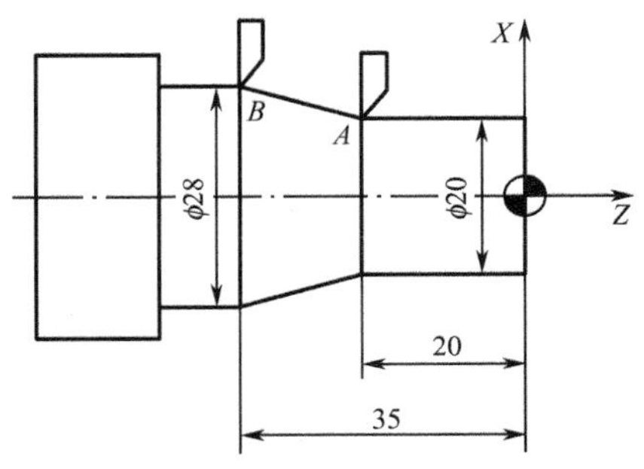

图 2-7　直线插补运动

3）M30——程序停止并复位到起始位置

2.1.4　零件测量——游标卡尺法

游标卡尺的分度值一般为 0.02 mm。它由尺身和游标等组成。旋松固定游标用的螺钉即可检测。下量爪用来测量工件的外径或长度；上量爪用来测量内孔或槽宽；深度尺用来测量工件的深度和长度。测量时移动游标使量爪与工件接触，取得尺寸后，最好把螺钉旋紧再读数，以防尺寸变动。

2.2　带圆弧轴类零件加工

能力目标：

1. 掌握带圆弧轴类零件数控车削的程序编制方法。
2. 能编制简单的带圆弧轴类零件程序。
3. 掌握卡板的使用方法。

知识目标：

重点掌握 G02、G03 指令格式。

2.2.1　工作任务

编制图 2-8 所示带圆弧零件的加工程序并加工。工件材料为 45#钢，毛坯为φ45 棒料。

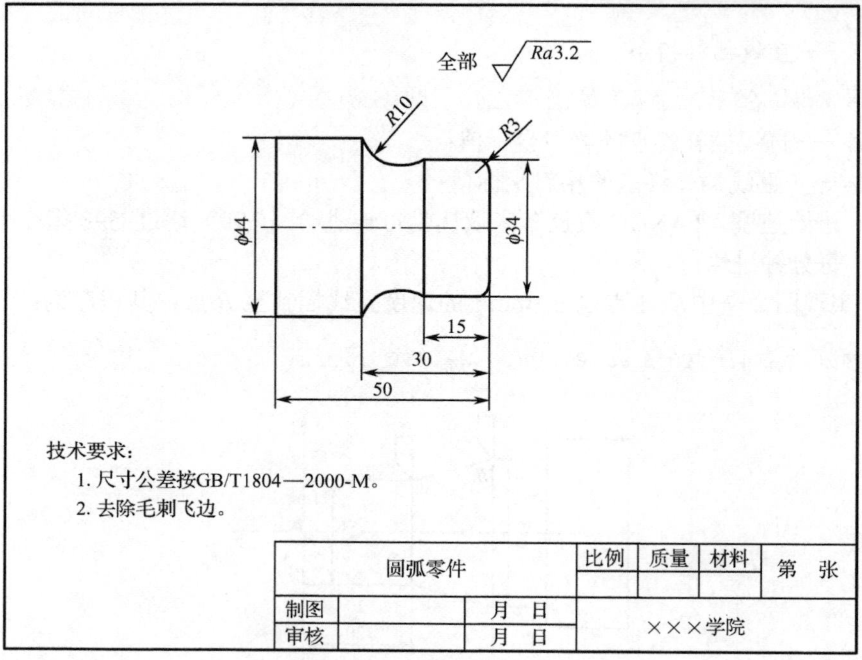

图 2-8　带圆弧零件

2.2.2　任务实施

1. 加工路线的确定

此零件表面粗糙度为 12.5，且毛坯单边余量最大值为 8.5 mm，故只需按图 2-9 所示轨迹加工即可得到此零件的外形。

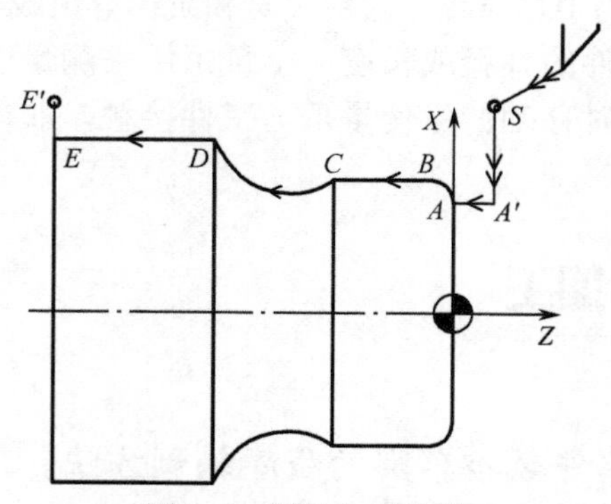

图 2-9　零件加工轨迹

编程坐标系原点的 *X* 向零点选在零件的回转中心，*Z* 向零点选在零件的右端面。根据此坐标系可得到图示各点的坐标，见表 2-4。

表 2-4　各点坐标

	S	*A'*	*A*	*B*	*C*	*D*	*E*	*E'*
X 坐标	46	28	28	34	34	44	44	46
Z 坐标	5	5	0	−3	−15	−30	−50	−50

2. 刀具的选用

数控加工刀具卡片见表 2-5。

表 2-5　数控加工刀具卡片

序号	刀具名称	刀具参数	被加工表面
1	91° 外圆车刀	刀尖角 60°	外圆

3. 填写工序卡片

填写工序卡片，见表 2-6。

表 2-6　数控加工工序卡片

<table>
<tr><td colspan="3" rowspan="2">数控加工工序卡片</td><td colspan="2">产品名称或代号</td><td colspan="2">零件名称</td><td>材料</td><td colspan="2">零件图号</td></tr>
<tr><td colspan="2"></td><td colspan="2">带圆弧零件</td><td>45</td><td colspan="2"></td></tr>
<tr><td colspan="3">（单位）</td><td colspan="2">夹具名称</td><td>夹具编号</td><td>设备名称</td><td>设备型号</td><td colspan="2">车　间</td></tr>
<tr><td>工序号</td><td colspan="2"></td><td colspan="2">三爪卡盘</td><td></td><td>数控车床</td><td></td><td colspan="2"></td></tr>
<tr><td>工步号</td><td>程序号</td><td>工步内容</td><td>刀具号</td><td>刀具规格（mm）</td><td>主轴转速（r/min）</td><td>进给速度（mm/r）</td><td>背吃刀量（mm）</td><td>备注</td></tr>
<tr><td>1</td><td>O0302</td><td>车外圆</td><td>T01</td><td></td><td>500</td><td>0.3</td><td>8.5</td><td></td></tr>
</table>

4. 编写程序

加工过程描述	零 件 程 序
程序名	O0302;
刀具快速移动至 *S* 点	G00 X46.0 Z5.0;
主轴以 500 r/min 正转	M03 S500
刀具快速移动至 *A'* 点	G00 X28.0 Z5.0;
刀具以进给速度 0.3 mm/r 切削至 *A* 点	G01 X28.0 Z0 F0.3;
刀具以进给速度 0.3 mm/r 沿逆时针圆弧切削至 *B* 点	G03 X34.0 Z3.0 R3.0;
刀具以进给速度 0.3 mm/r 切削至 *C* 点	G01 X34.0 Z15.0;
刀具以进给速度 0.3 mm/r 沿顺时针圆弧切削至 *D* 点	G02 X44.0 Z30.0 R10.0;
刀具以进给速度 0.3 mm/r 切削至 *E* 点	G01 X44.0 Z50.0;
刀具以进给速度 0.3 mm/r 切削至 *E'* 点	G01 X50.0 Z50.0;
刀具快速移动至 X100、Z100 位置	G00 X100.0 Z100.0;
主轴停止	M05;
程序停止并返回	M30;

2.2.3 相关知识

G02/G03——圆弧插补指令介绍。

指令格式：G02/G03 X__Z__R__F__;
　　　　或 G02/G03 X__Z__I__K__F__;

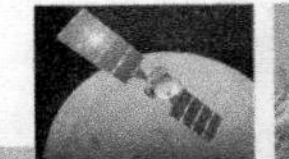

其中，X、Z——圆弧终点位置坐标，也可使用增量坐标 U、W。

R——圆弧的半径值，当圆弧的圆心角≤180° 时 R 取正值；当圆弧的圆心角>180° 时 R 取负值，车削零件圆弧的圆心角都小于 180° 。

I、K——圆弧起点到圆心在 *X*、*Z* 轴方向上的增量。

F——进给速度。

说明：G02 为顺时针圆弧插补指令，G03 为逆时针圆弧插补指令。顺时针和逆时针圆弧插补的判断方法是：沿不在圆弧平面内的坐标轴（*Y* 轴），由正方向向负方向看，顺时针方向加工用 G02，逆时针方向加工用 G03。

例如：实现图 2-10 中从 *A* 点到 *B* 点的直线插补运动，其程序为：

```
G03 X63.28 Z21.77 R20.0或G03 X63.28 Z21.77 I39.04 K4.37;
```

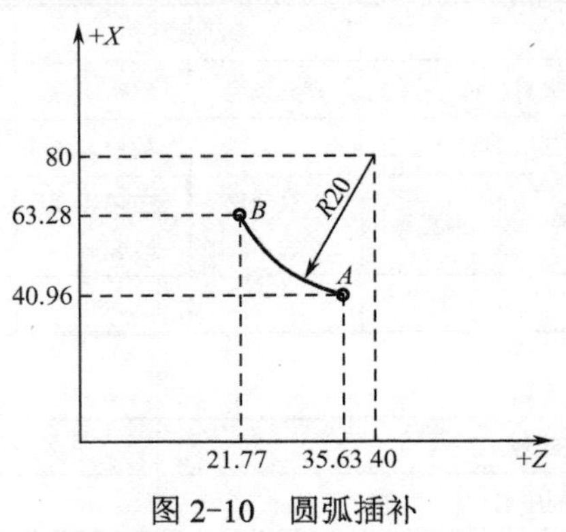

图 2-10　圆弧插补

2.2.4　零件测量——R 规法

R 规（见图 2-11）是利用光隙法测量圆弧半径的工具。测量时必须使 R 规的测量面与工件的圆弧完全紧密接触，当测量面与工件的圆弧中间没有间隙时，工件的圆弧度数为此时 R 规上所表示的数字。由于是目测，准确度不是很高，只能作为定性测量。

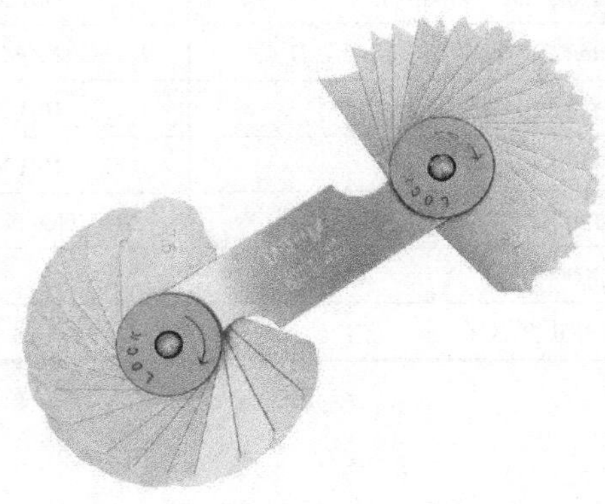

图 2-11　R 规

2.3　一般轴类零件的加工

能力目标：

1. 掌握一般轴类零件程序的编制。
2. 掌握一般轴类零件的加工。

知识目标：

1. 掌握外径粗加工循环指令（G71）的编程格式。
2. 掌握精车固定循环（G70）的编程格式。

2.3.1　工作任务

编制图 2-12 所示一般轴类零件程序并加工。工件材料为 45#钢，毛坯为ϕ50 棒料。

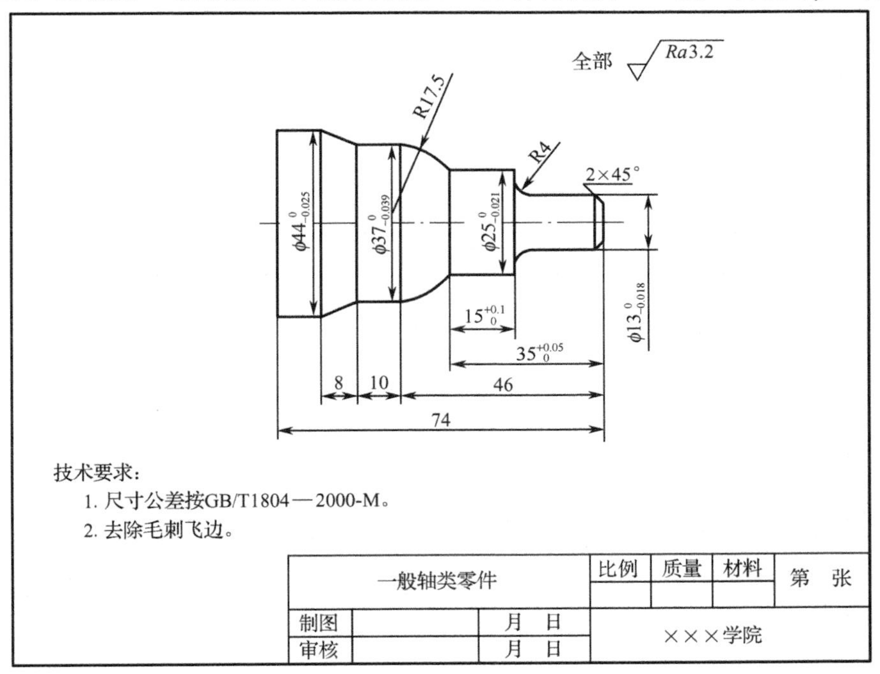

图 2-12　一般轴类零件

2.3.2　任务实施

1. 加工路线的确定

此零件的表面粗糙度为 3.2，单边最大余量为 18 mm，部分尺寸标有公差，如果按此前方法加工此零件会导致以下可能：

（1）表面粗糙度达不到要求。

（2）刀具切削刃长度不够。

（3）公差不能保证。

故采用图 2-13 所示的矩形循环进给路线进行加工。

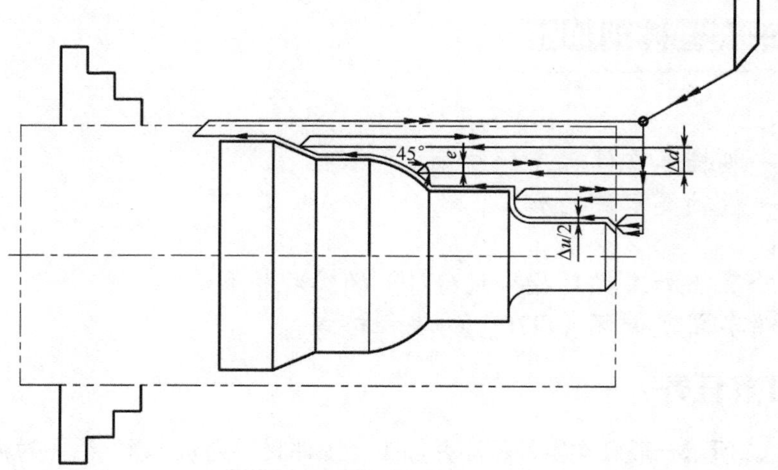

图 2-13　轴类零件的加工路线

2. 刀具的选用

数据加工刀具卡片见表 2-7。

表 2-7　数控加工刀具卡片

序号	刀具名称	刀具参数	被加工表面
1	91° 外圆车刀	刀尖角 60°	外圆

3. 填写工序卡片

填写工序卡片，见表 2-8。

表 2-8　数控加工工序卡片

<table>
<tr><td colspan="3" rowspan="2">数控加工工序卡片</td><td>产品名称或代号</td><td colspan="2">零件名称</td><td>材料</td><td colspan="2">零件图号</td></tr>
<tr><td></td><td colspan="2">一般轴类零件</td><td>45</td><td colspan="2"></td></tr>
<tr><td colspan="3">（单位）</td><td>夹具名称</td><td>夹具编号</td><td>设备名称</td><td>设备型号</td><td colspan="2">车　间</td></tr>
<tr><td>工序号</td><td colspan="2"></td><td>三爪卡盘</td><td></td><td>数控车床</td><td></td><td colspan="2"></td></tr>
<tr><td>工步号</td><td>程序号</td><td>工步内容</td><td>刀具号</td><td>刀具规格（mm）</td><td>主轴转速（r/min）</td><td>进给速度（mm/r）</td><td>背吃刀量（mm）</td><td>备注</td></tr>
<tr><td>1</td><td rowspan="2">O0303</td><td>粗车外圆</td><td>T01</td><td></td><td>600</td><td>0.3</td><td>3</td><td></td></tr>
<tr><td>2</td><td>精车外圆</td><td>T01</td><td></td><td>800</td><td>0.1</td><td>0.3</td><td></td></tr>
</table>

4. 编写程序

零 件 程 序	加工过程描述
O0303；	程序名
G54 G00 X100. Z100.；	选择 1 号坐标系，快速定位至换刀点
T0101；	换 1 号刀
M03 S600；	主轴正转，600 r/min
G00 X52. Z0；	
G01 X-0.5 F0.1；	平端面

续表

零 件 程 序	加工过程描述
Z5.;	
G00 X52.;	定位至切削起点
G71 U3. R1.;	粗加工，背吃刀量 3 mm，退刀量 1 mm
G71 P10 Q20 U0.6 W0.2 F0.3;	粗加工循环，进给量 0.3 mm/r，余量 0.3
N10 G00 X9.;	
G01 Z0;	
X12.991 Z-2.;	
Z-16.;	
G02 X21. Z-19.975 R4.;	
G01 X24.99;	
Z-35.025;	
G03 X36.98 Z-46. R17.5;	
G01 W-10.;	
X43.988 W-8.;	
N20 G01 Z-76.	
S800 F0.1;	
G70 P10 Q20;	精加工循环
G00 X100. Z100.;	退刀
M05;	主轴停
M30;	程序停

2.3.3 相关知识

1. 基准不重合时工序尺寸及偏差的确定

当工艺基准（工序基准、测量基准、定位基准）或编程原点与设计基准不重合时，工序尺寸及偏差的确定需要借助工艺尺寸链分析计算。

1）工艺尺寸链的概念

在机器装配或零件加工过程中，由互相联系且按一定顺序排列的尺寸组成的封闭尺寸系统称为尺寸链。图 2-14（a）所示零件图样中已标注了 A_1、A_2 尺寸，当零件工艺基准放置在右端面，进行编程时需给出工序尺寸 A_0，A_0 与零件图标注的 A_1、A_2 相互联系，形成尺寸链，如图 2-14（b）所示。

工艺尺寸链的主要特征是封闭性和关联性。封闭性是指尺寸链中的各个尺寸首尾相接组成封闭形式。关联性是指任何一个直接保证的尺寸及其精度的变化必将影响间接保证的尺寸及其精度，图 2-14 所示尺寸链中 A_1、A_2 的变化都将引起 A_0 的变化。

2）工艺尺寸链的组成

（1）环——列入尺寸链中的每一个尺寸，如图 2-14（b）中的 A_0、A_1 及 A_2 所示。

（2）封闭环——由其他尺寸最终间接得到的尺寸，如图 2-14（b）中的 A_0 所示，一个

尺寸链中只有一个封闭环。

（3）组成环——除封闭环外的全部其他环，如图 2-14（b）中的 A_1 及 A_2 所示。

（4）增环——某一组成环增大时，若封闭环也增大，则称该组成环为增环，在字母上方用“→”表示，如图 2-14（b）中的 A_1 所示。

（5）减环——某一组成环增大时，若封闭环减小，则称该组成环为减环，在字母上方用“←”表示，如图 2-14（b）中的 A_2 所示。

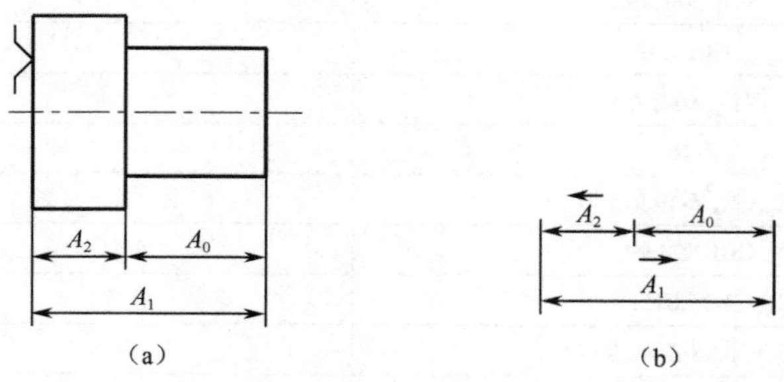

图 2-14　尺寸链的概念及分析

3）工艺尺寸链的建立

（1）确定封闭环。封闭环是在加工过程中最后自然形成或间接保证的尺寸，一般根据工艺过程或加工方法确定。零件的加工方案改变时，封闭环也发生改变。

（2）查找组成环。确定完封闭环之后，从封闭环开始，依次找出影响封闭环变动的相互连接的各个尺寸，它们与封闭环连接形成封闭的尺寸链。

（3）画出封闭的工艺尺寸链图，区分增、减环，并标注在尺寸链图中。

4）工艺尺寸链的计算公式

尺寸链计算的关键是正确判定封闭环，常用的计算方法有极值法和概率法。生产中一般用极值法，其计算公式如下。

（1）封闭环的基本尺寸。根据尺寸链的封闭性，封闭环的基本尺寸等于组成环基本尺寸的代数和。

$$A_0 = \sum_{i=1}^{m} \overrightarrow{A_i} - \sum_{i=m+1}^{n-1} \overleftarrow{A_i} \tag{2-2}$$

式中　A_0——封闭环的基本尺寸；

$\overrightarrow{A_i}$——增环的基本尺寸；

$\overleftarrow{A_i}$——减环的基本尺寸。

（2）封闭环的极限尺寸。若组成环中的增环都是最大极限尺寸，减环都是最小极限尺寸，则封闭环的尺寸必须是最大极限尺寸，即

$$A_{0\max} = \sum_{i=1}^{m} \overrightarrow{A}_{i\max} - \sum_{i=m+1}^{n-1} \overleftarrow{A}_{i\min} \tag{2-3}$$

同理

$$A_{0\min} = \sum_{i=1}^{m} \overrightarrow{A}_{i\min} - \sum_{i=m+1}^{n-1} \overleftarrow{A}_{i\max} \tag{2-4}$$

式中　m——增环的环数；

n——包括封闭环在内的总环数。

（3）封闭环的上、下偏差。最大极限尺寸减去基本尺寸就是上偏差，最小极限尺寸减去基本尺寸就是下偏差，可得

$$ES(A_0)=\sum_{i=1}^{m}ES(\vec{A}_i)-\sum_{i=m+1}^{n-1}EI(\overleftarrow{A}_i)$$

$$EI(A_0)=\sum_{i=1}^{m}EI(\vec{A}_i)-\sum_{i=m+1}^{n-1}ES(\overleftarrow{A}_i)$$

式中　ES——上偏差；

EI——下偏差。

（4）封闭环公差。

$$T_0=\sum_{i=1}^{m}\vec{T}_i+\sum_{i=m+1}^{n-1}\overleftarrow{T}_i=\sum_{i=1}^{m}T_i \quad (2\text{-}5)$$

在极值算法中，封闭环的公差大于任一组成环的公差。当封闭环的公差一定时，若组成环数目较多，各组成环的公差就会过小，从而造成加工困难。因此，分析尺寸链时，应使尺寸链的组成环数目为最少，即遵循尺寸链最短原则。

在数控加工中，要解决数控编程原点与设计基准不重合的问题，就需要进行尺寸链的换算。设计零件图时，从保证使用性能的角度考虑，尺寸标注多采用局部分散法；而在数控编程中，所有点、线、面的尺寸和位置都是以编程原点为基准的。当编程原点与设计基准不重合时，为方便编程，须将分散标注的尺寸换算成以编程原点为基准的工序尺寸。

2. 公差的处理

如图 2-12 所示零件，尺寸ϕ13、ϕ25、ϕ37 及ϕ44 尺寸的偏差值均为单向偏置。数控编程时若采用基本尺寸不能保证质量，一般会超差，从而导致不合格零件的产生。为了保证质量，需将公差尺寸进行换算，取其极限尺寸的中值进行编程。处理后的尺寸如图 2-15 所示。

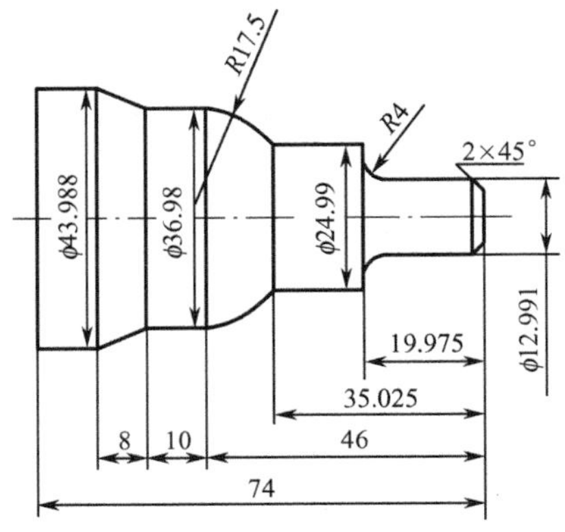

图 2-15　通过计算处理后的尺寸

3. 背吃刀量 a_p 的选择

背吃刀量应根据加工余量而定。粗加工时，在保证后续工序加工余量的前提下，尽可能一次去除全部余量。若余量过大且不均匀、工艺系统刚性不足时分几次进给，背吃刀量随进给次数逐渐减小。一般情况下，粗加工背吃刀量可取 8～10 mm，半精加工可取 0.5～2 mm，精加工取 0.1～0.5 mm。

4. 换刀点的选择

为防止换刀时碰伤零件、刀具及夹具，换刀点通常设置在被加工零件的轮廓之外，并保留一定的安全量。

5. 指令介绍

1）G71——外径粗车循环

指令格式：
```
G71 U（Δd）R（e）；
G71 P（ns）Q（nf）U（Δu）W（Δw）F（f）S（s）T（t）；
```

其中，Δd——背吃刀量；

e——退刀量；

ns——精加工轮廓程序段中开始程序段的段号；

nf——精加工轮廓程序段中结束程序段的段号；

Δu——*X* 轴向精加工余量（直径值，外圆加工为正，内孔加工为负）；

Δw——*Z* 轴向精加工余量；

f、s、t——F、S、T 代码。

注意：

（1）ns→nf 程序段中的 F、S、T 功能，即使被指定也对粗车循环无效。

（2）零件轮廓必须符合 *X* 轴、*Z* 轴方向同时单调增大或单调减小；否则会出现凹形轮廓一次性切削。

（3）FANUC 0i T 系统中 G71 加工循环，顺序号为 ns 的程序段必须沿 *X* 向进刀，且不应出现 *Z* 轴的运动指令，否则会出现程序报警。

2）G70——精加工循环

完成粗加工后，可以用 G70 进行精加工。精加工时，G71 程序段中的 F、S、T 指令无效，只有在 ns→nf 程序段中的 F、S、T 才有效。

编程格式
```
G70 P（ns）Q（nf）
```

其中，ns——精加工轮廓程序段中开始程序段的段号；

nf——精加工轮廓程序段中结束程序段的段号。

2.3.4 零件测量——千分尺法

此零件径向尺寸要求较高，故采用外径千分尺进行零件测量。外径千分尺的分度值一般为 0.01 mm。由于测微螺杆精度和结构上的限制，其移动量通常为 25 mm，故常用外径千分尺测量范围分别为 0～25 mm，25～50 mm，50～75 mm，75～100 mm 等，每隔 25 mm 为一挡规格。

外径千分尺在测量前必须校正零位，如果零位不准，则可用专用扳手转动固定套管。当零线偏离较多时，可松开固定螺钉，使测微螺杆与微分筒松动，再转动微分筒来调零。

2.4　复合外形零件加工

能力目标：

1. 掌握掉头车削的方法。
2. 掌握复合外形工件的切削加工方法。

知识目标：

掌握封闭切削循环指令（G73）的编程格式。

2.4.1　工作任务

编制如图 2-16 所示复合外形轴程序并加工。工件材料为 45#钢，毛坯为ϕ50 棒料。

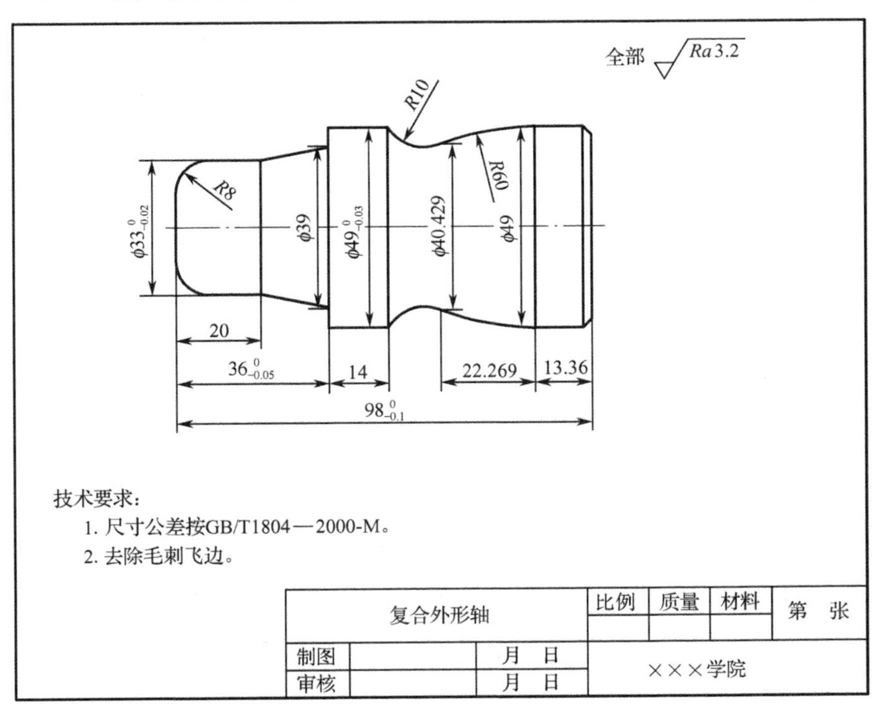

图 2-16　复合外形轴

2.4.2　任务实施

1. 零件加工分析

此零件为中间粗两边细零件，故需两头加工；左侧单调变粗，使用 G71 指令即可加工出合适尺寸，右侧尺寸变细后变粗，故不能采用 G71 指令编程，需采用如图 2-17 所示

加工路线。

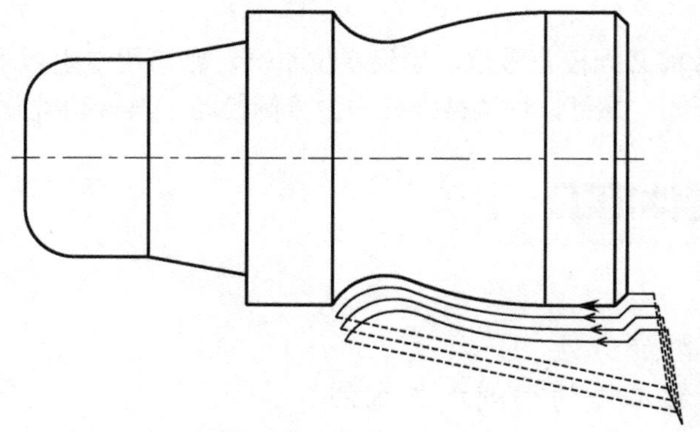

图 2-17　复合外形轴右端加工路线

2. 刀具的选用

数控加工刀具卡片见表 2-9。

表 2-9　数控加工刀具卡片

序号	刀具名称	刀具参数	被加工表面
1	91° 外圆车刀	刀尖角 60°	左侧外圆
2	93° 外圆车刀	刀尖角 35°	右侧外圆

3. 填写工序卡片

填写数控加工工序卡片，见表 2-10。

表 2-10　数控加工工序卡片

<table>
<tr><td colspan="3" rowspan="2">数控加工工序卡片</td><td colspan="2">产品名称或代号</td><td colspan="2">零件名称</td><td>材料</td><td colspan="2">零件图号</td></tr>
<tr><td colspan="2"></td><td colspan="2"></td><td>45</td><td colspan="2"></td></tr>
<tr><td colspan="3">（单位）</td><td colspan="2">夹具名称</td><td>夹具编号</td><td>设备名称</td><td>设备型号</td><td colspan="2">车　间</td></tr>
<tr><td>工序号</td><td colspan="2"></td><td colspan="2">三爪卡盘</td><td></td><td>数控车床</td><td></td><td colspan="2"></td></tr>
<tr><td>工步号</td><td>程序号</td><td colspan="2">工步内容</td><td>刀具号</td><td>刀具规格（mm）</td><td>主轴转速（r/min）</td><td>进给速度（mm/r）</td><td>背吃刀量（mm）</td><td>备注</td></tr>
<tr><td>1</td><td rowspan="3">O0304</td><td colspan="2">车端面</td><td>T01</td><td></td><td>800</td><td>0.1</td><td>0.5</td><td></td></tr>
<tr><td>2</td><td colspan="2">粗车左侧</td><td>T01</td><td></td><td>800</td><td>0.2</td><td>2</td><td></td></tr>
<tr><td>3</td><td colspan="2">精车左侧</td><td>T01</td><td></td><td>1500</td><td>0.1</td><td>0.3</td><td></td></tr>
<tr><td>4</td><td rowspan="3">O0305</td><td colspan="2">车端面</td><td>T02</td><td></td><td>800</td><td>0.1</td><td></td><td></td></tr>
<tr><td>5</td><td colspan="2">粗车右侧</td><td>T02</td><td></td><td>800</td><td>0.2</td><td>2</td><td></td></tr>
<tr><td>6</td><td colspan="2">精车右侧</td><td>T02</td><td></td><td>1500</td><td>0.1</td><td>0.3</td><td></td></tr>
</table>

4. 编写程序

零 件 程 序	加工过程描述
O0304;	左端程序名
N010 G54 G00 X100. Z100.;	选择 1 号坐标系，快进至换刀点
N020 T0101 M03 S800;	换 1 号刀，主轴正转 800 r/min
N030 G00 X52.0 Z0;	
N040 G01 X-05 F0.1;	平端面
N050 Z5.0;	
N060 G00 X52.0;	定位至切削起点
N070 G71 U2.0 R0.5;	
N080 G71 P90 Q160 U0.6 W0 F0.2;	粗加工循环
N090 G00 X17.0;	
N100 G01 Z0;	
N110 G03 X33.0 Z-8.0 R8.0;	
N120 G01 Z-20.0;	
N130 X39.0 Z-35.92;	
N140 X49.0;	
N150 Z-55.0;	
N160 X52.0;	
N170 G70 P90 Q160 S1000 F0.1;	精加工循环
N180 G00 X100.0 Z100.0;	
N190 M05;	
N200 M30;	程序停止
O0305;	右端程序名
G55 G00 X100. Z100.;	选择 2 号坐标系
T0202;	换 2 号刀
M03 S800;	主轴正转 800 r/min
G00 X55. Z0;	
G01 X-0.5 F0.1;	
Z5.;	
G00 X55.;	
G73 U8. W1. R4;	封闭切削循环
G73 P10 Q20 U0.6 W0.2 F0.2;	
N10 X55.;	
G01 X47.;	
Z0;	
X49. Z-1.;	

续表

零件程序	加工过程描述
Z-13.36；	
G03 X40.429 W-22.269 R60.	
G02 X49. Z-48. R10.；	
N20 G01 X50；	
S1500 F0.1；	
G70 P10 Q20；	精加工
M05；	
M30；	程序停

2.4.3 相关知识

1. 刀具的选用

中间尺寸下凹的零件在选刀时应避免刀具过切、干涉（见图 2-18），需注意刀具几何角度的选择。

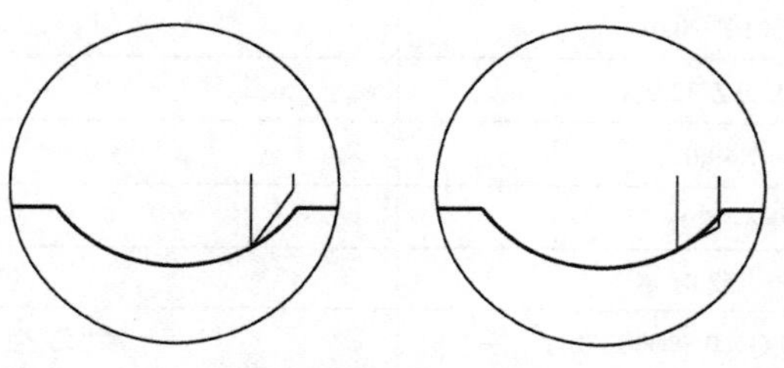

图 2-18 刀具干涉

2. 循环指令介绍

G73——封闭切削。

指令格式：G73 U（i）W（k）R（d）；
G73 P（ns）Q（nf）U（Δu）W（Δw）F（f）S（s）T（t）；

其中，i——*X* 轴向总退刀量；
k——*Z* 轴向总退刀量（半径值）；
d——重复加工次数；
ns——精加工轮廓程序段中开始程序段的段号；
nf——精加工轮廓程序段中结束程序段的段号；
Δu——*X* 轴向精加工余量（直径值，外圆加工为正，内孔加工为负）；
Δw——*Z* 轴向精加工余量；
f、s、t——F、S、T 代码。

注：如图 2-19 所示，该指令对零件轮廓的单调性没有要求，只需指定粗加工循环次数、精加工余量和精加工路线，系统自动算出粗加工的切削深度，给出粗加工路线，从而完成各外圆表面的粗加工。其进给路线与工件最终轮廓平行。铸件、锻件等工件已经具备了简单的零件轮廓，粗加工使用 G73 循环指令可以提高效率。

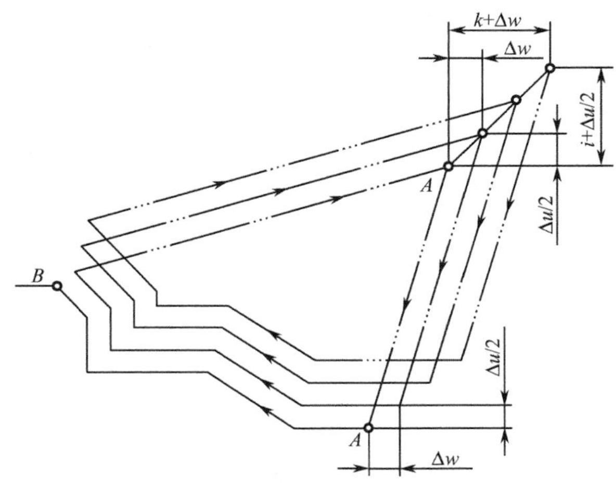

图 2-19 封闭切削循环

2.4.4 拓展指令——刀尖圆弧自动补偿

编程时，通常都将车刀刀尖作为一点来考虑，但实际上刀尖处存在圆角，如图 2-20 所示。当用理论刀尖点编出的程序进行端面、外径、内径等与轴线平行或垂直的表面加工时是不会产生误差的，但在进行倒角、锥面及圆弧切削时会产生少切或过切现象，如图 2-21 所示。具有刀尖圆弧自动补偿功能的数控系统能根据刀尖圆弧半径计算出补偿量，避免少切或过切现象的产生。

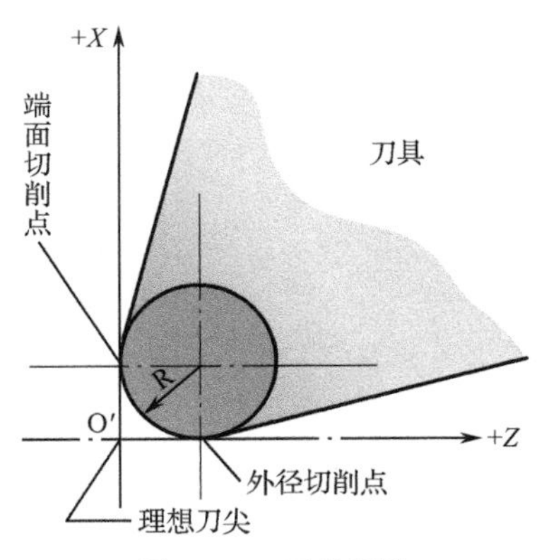

图 2-20 刀尖圆角 R

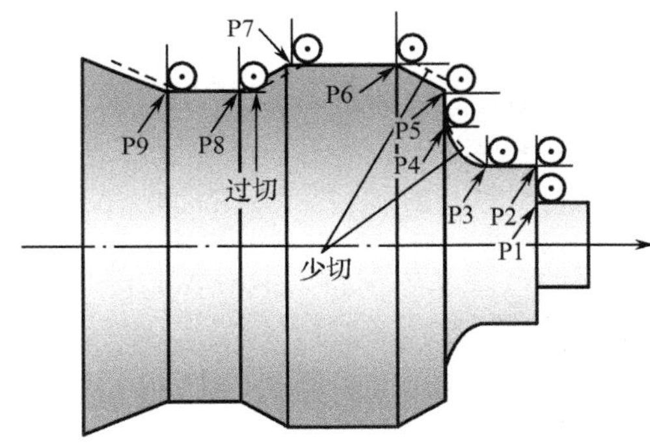

图 2-21 刀尖圆角 R 造成的少切与过切

1. 刀尖半径补偿

刀尖圆弧半径大时，刀具自动偏离工件轮廓的距离为半径。

2. 车刀形状和位置

车刀形状不同，决定刀尖圆弧所处的位置不同，执行刀具补偿时，刀具自动偏离工件轮廓的方向也不同。车刀形状和位置参数称为刀尖方位 *T*，如图 2-22 所示共有 9 种，分别用参数 0～9 表示。常用刀尖方位 *T* 为：外圆右偏刀 *T*=3，镗孔右偏刀 *T*=2。

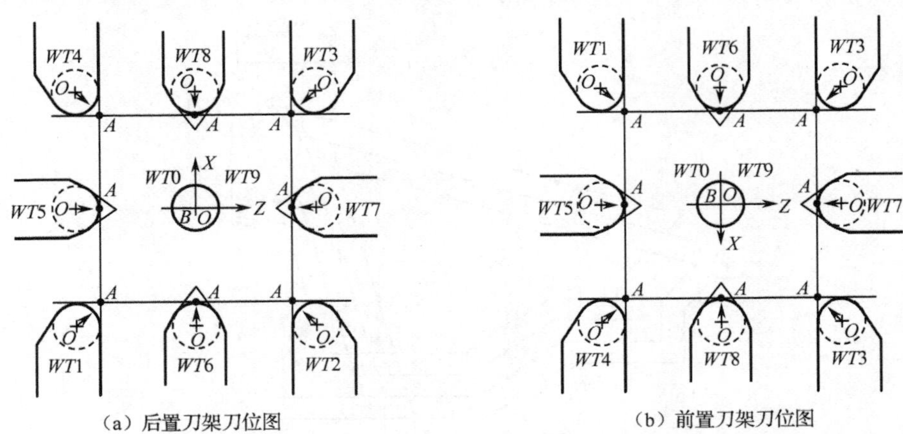

（a）后置刀架刀位图　　　　（b）前置刀架刀位图

图 2-22　车刀形状和位置前置刀架刀位图

3. 刀具半径补偿方法

刀具半径补偿方法是在加工前，通过车床数控系统的操作面板向系统存储器中输入刀具半径补偿的相关参数：刀尖圆弧半径 R 和刀尖方位 T。当系统执行程序中的半径补偿指令时，数控装置读取存储器中相应刀具号的半径补偿参数，刀具自动沿刀尖方位 T 方向，偏离工件轮廓一个刀尖圆弧半径值 R，按刀尖圆弧圆心轨迹运动加工出所要加工的工件轮廓。

4. 刀具半径补偿指令

G40——取消刀尖圆弧半径补偿。

G41——刀尖圆弧半径左补偿。

G42——刀尖圆弧半径右补偿。

指令格式：$\left.\begin{matrix}G41\\G42\\G40\end{matrix}\right\}\left\{\begin{matrix}G01\\G00\end{matrix}\right.$X(U)_Z(W)_F_

其中，X、Z——建立或取消刀具补偿程序段中刀具移动的终点坐标。

说明：

G41、G42、G40 指令不能与圆弧切削指令 G02、G03 写在同一程序段内，必须与 G00、G01 写在同一程序段内。

G41、G42 不能同时使用，即在程序中，前面程序段中使用了 G41 就不能再继续使用 G42，必须先用 G40 指令取消 G41 刀补状态后才可使用 G42 刀补指令。

5. 示例

应用刀尖圆弧自动补偿功能加工 2.3 节一般轴类零件。

刀尖位置编码：3

零 件 程 序	加工过程描述
O0306；	程序名
G54 G00 X100. Z100.；	

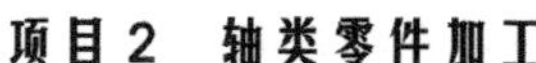

续表

零 件 程 序	加工过程描述
T0101；	
M03 S600；	
G00 X52. Z0；	
G01 X-0.5 F0.1；	
Z5.；	
G00 X52.；	
G71 U3. R1.；	
G71 P10 Q20 U0.6 W0.2 F0.3；	
N10 G00 G42 X9.；	在刀具接触零件之前进行补偿
G01 Z0；	
X12.991 Z-2.；	
Z-16.；	
G02 X21. Z-19.975 R4.；	
G01 X24.99；	
Z-35.025；	
G03 X36.98 Z-46. R17.5；	
G01 W-10.；	
X43.988 W-8.；	
G01 Z-76.	
N20 G40 G01 X51.	在刀具离开工件之后取消补偿
S800 F0.1；	
G70 P10 Q20；	
G00 X100. Z100.；	
M05；	
M30	

思考与练习2

一、选择题

1．车床数控系统中，用（　　）指令进行恒线速控制。

A．G00　　B．CS　　C．G01　　D．G96　S–

2．影响数控车床加工精度的因素很多，要提高加工工件的质量有很多措施，但（　　）不能提高加工精度。

A．将绝对编程改为增量编程　　B．正确选择车刀类型

C．控制刀尖中心高误差　　D．减小刀尖圆弧半径对加工的影响

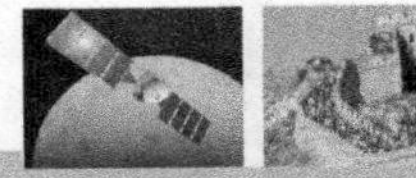

3．精加工时，切削速度选择的主要依据是（　　）。
A．刀具寿命　B．加工表面质量　C．工件材料　D．主轴转速

4．（　　）属于准备功能字。
A．M01　B．M08　C．T01　D．S500

5．G71U（Δd）R（e）中，Δd 表示（　　）。
A．切深，无正负号，半径值　B．切深，有正负号，半径值
C．切深，无正负号，直径值　D．切深，有正负号，直径值

6．M 代码控制车床各种（　　）。
A．运动状态　B．刀具更换　C．辅助动作状态　D．固定循环

7．程序结束指令为（　　）。
A．M00　B．M02　C．M03　D．M30

8．FANUC 复合固定循环 G71、G72、G73 程序段中的 F、S、T 只对（　　）循环时有效。
A．粗加工　B．精加工　C．半精加工　D．超精加工

9．FANUC 系统中，G71 指令以切削深度（背吃刀量）Δd 在和（　　）平行的部分进行直线加工。
A．*X* 轴　B．*Z* 轴　C．*Y* 轴　D．*C* 轴

10．G01 指令命令机床以一定的进给速度从当前位置沿（　　）移动到指令给出的目标位置。
A．曲线　B．折线　C．圆弧　D．直线

11．FANUC-0i 系统程序段：G98G01X100.F50.F50 中的 F50 表示（　　）。
A．500 mm/r　B．50 mm/min　C．50 r/min　D．50 m/min

12．通常辅助功能 M03 代码表示（　　）。
A．程序停止　B．冷却液开
C．主轴停止　D．主轴顺时针方向转动

13．（　　）是 G71、G72、G73 粗加工循环后的精加工指令。
A．G75　B．G76　C．G70　D．G90

14．M09 表示（　　）。
A．冷却开　B．冷却关　C．夹紧　D．松开

15．G01X10.W20.F0.3X10.W20.为（　　）。
A．绝对值编程　B．增量值编程
C．绝对值、增量值混合编程　D．相对值编程

16．锻造毛坯的切削，使用（　　）复合型固定循环。
A．G70　B．G71　C．G72　D．G73

17．G71U（Δd）R（e）中Δd 表示（　　）。
A．*X* 轴精加工余量　B．*Z* 轴精加工余量
C．背吃刀量　D．退刀量

二、判断题

1．用 G71 编程进行粗车时，程序段号从 ns 到 nf 之间的 F、S、T 功能有效。（　　）

2．使用 G73 时，零件沿 X 轴的外形必须是单调递增或单调递减的。（　　）

3．恒线速控制的原理是工件的直径越大，进给速度越慢。（　　）

4．G02、G03、G01 都是模态指令。（　　）

5．在编制加工程序时，程序段号可以不写或不按顺序写。（　　）

6．增量尺寸命令是利用位置本身的移动距离设计程序。（　　）

7．T0101 表示选用第一号刀，使用第一号刀具位置补偿值。（　　）

8．粗加工轴类零件的外圆表面时，宜选用中心孔做定位基准；精加工内圆表面时，宜选用外圆表面做定位基准。（　　）

9．一个程序段内只允许有一个 M 指令。（　　）

10．数控车圆弧加工编程，既可以用圆心编程也可以用半径编程。（　　）

11．数控编程中既可以用绝对值编程，也可以用增量值编程。（　　）

12．有些 FANUC 系统中，程序“G01Z-20.0R4.0F0.4”是正确的。（　　）

13．在 FANUC 数控车床上，指令 G00X _W__是正确的书写格式。（　　）

14．复合固定循环应用于非一次加工即能加工到规定尺寸的情况。（　　）

三、简答题

1．简述 S 代码、T 代码、F 代码、M 代码的功能。

2．数控车床常用的对刀方式有几种？各有何特点？

3．在 G02/G03 指令中，采用圆弧半径编程和圆心坐标编程有何不同？

4．为什么要进行刀具几何补偿与磨损补偿？

5．车刀刀尖半径补偿的原因是什么？

6．为什么要用刀具半径补偿？刀具半径补偿有哪几种？指令是什么？

7．在使用 G40、G41、G42 指令时要注意哪些问题？

8．G71 与 G73 有何区别？

3.1 圆柱套类零件加工

能力目标：

1. 会正确选择和使用孔加工刀具。
2. 会正确使用量具进行孔径测量。
3. 能制定套类零件的加工工艺。
4. 能按图样要求加工出合格的套类零件。

知识目标：

1. 了解套类零件的加工方法。
2. 了解套类零件的加工工艺知识。
3. 掌握套类零件的加工方法。

3.1.1 工作任务

编制如图 3-1 所示套类零件程序并加工。零件材料为 45#钢，毛坯为ϕ62 实心棒料。

3.1.2 任务实施

1．零件加工分析

零件由外圆柱面及内孔组成，外圆没有重要尺寸，只需粗加工即可。内孔ϕ44、ϕ35、ϕ23 是重要表面。尺寸偏差均为正值，且相差不大，即可以编程时不考虑偏差，通过对刀方法来

达到需要的公差范围。材料为 45#钢，材料易于加工，选择合理的切削参数及刀具即可以满足表面粗糙度值 *Ra*3.2 要求。加工时采用图 3-2 所示加工路线进行加工。

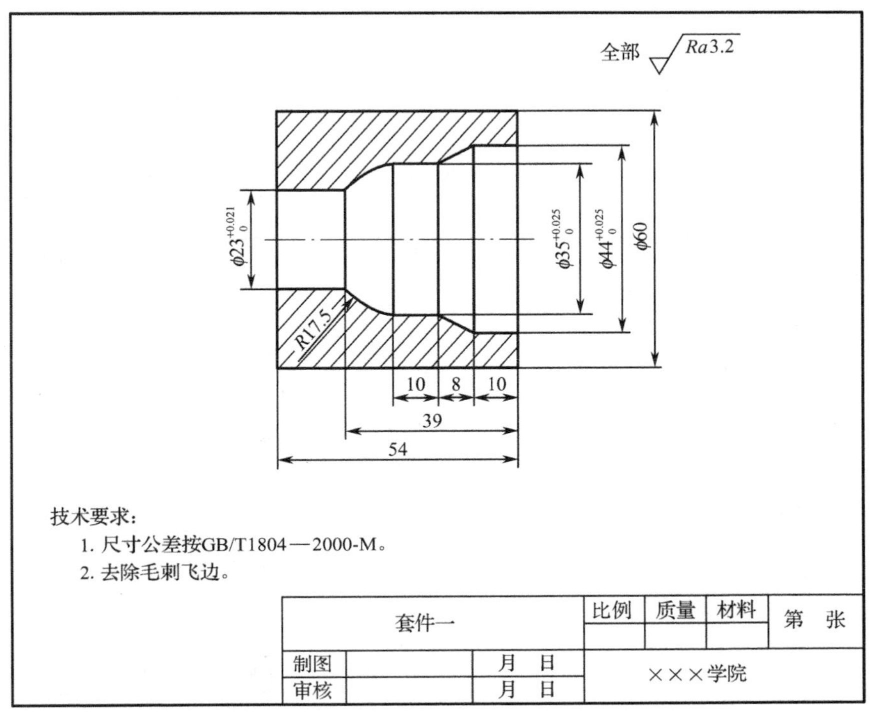

图 3-1 套

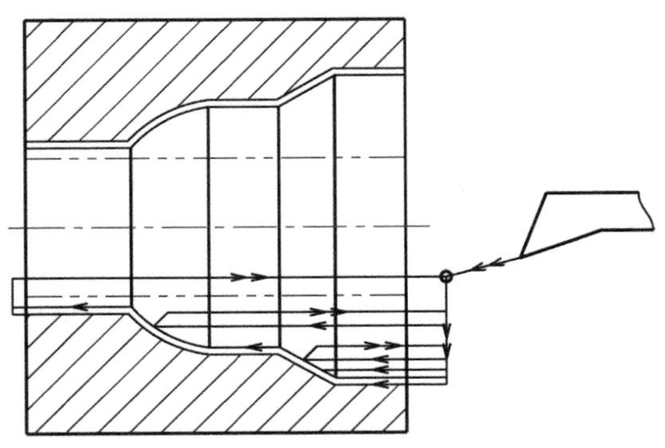

图 3-2 套加工路线

2. 刀具的选用

数控加工刀具卡片见表 3-1。

表 3-1 数控加工刀具卡片

序号	刀具名称	刀具参数	被加工表面
1	麻花钻	ϕ20 mm	钻孔
2	内孔车刀	ϕ20 mm	内孔

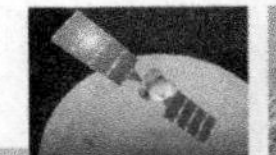

3. 工艺参数的确定

填写数控加工工序卡片，见表 3-2。

表 3-2　数控加工工序卡片

<table>
<tr><td colspan="2" rowspan="2">数控加工工序卡片</td><td colspan="2">产品名称或代号</td><td colspan="2">零件名称</td><td>材料</td><td colspan="2">零件图号</td></tr>
<tr><td colspan="2"></td><td colspan="2">套</td><td>45</td><td colspan="2"></td></tr>
<tr><td colspan="2">（单位）</td><td colspan="2">夹具名称</td><td>夹具编号</td><td>设备名称</td><td>设备型号</td><td colspan="2">车　间</td></tr>
<tr><td>工序号</td><td></td><td colspan="2">三爪卡盘</td><td></td><td>数控车床</td><td></td><td colspan="2"></td></tr>
<tr><td>工步号</td><td>程序号</td><td>工步内容</td><td>刀具号</td><td>刀具规格（mm）</td><td>主轴转速（r/min）</td><td>进给速度（mm/r）</td><td>背吃刀量（mm）</td><td>备注</td></tr>
<tr><td>1</td><td></td><td>钻孔</td><td></td><td>ϕ20 mm</td><td>450</td><td></td><td></td><td>手动</td></tr>
<tr><td>2</td><td rowspan="3">O0401</td><td>车端面外圆</td><td>T1</td><td>91° 外圆刀</td><td>800</td><td>0.1</td><td></td><td></td></tr>
<tr><td>3</td><td>粗车内孔</td><td>T2</td><td>90° 内孔刀</td><td>800</td><td>0.2</td><td>2</td><td></td></tr>
<tr><td>4</td><td>精车内孔</td><td>T2</td><td>90° 内孔刀</td><td>1 000</td><td>0.1</td><td>0.5</td><td></td></tr>
</table>

4. 编写程序

零 件 程 序	加工过程描述
O0401；	程序名
G54 G00 X100. Z100.；	选择 1 号坐标系，快速移动至 X100 Z100
T0101 M03 S800；	换 1 号刀，主轴正转，转速 800 r/min
G00 X60. Z5.；	快速定位
G01 Z-60. F0.1；	车外圆，进给量 0.1 mm/r
X61.；	退刀
G00 X100. Z100.；	快速点定位至换刀点
N020 T0202；	换 2 号刀
N030 G00 X18.0 Z1.0；	快速移动至 X18 Z1
N040 G71 U2.0 R0.5；	粗加工循环
N050 G71 P60 Q120 U-0.5 W0 F0.2；	粗加工循环，注：U 为负值
N060 G00 X44.0；	内孔精加工
N070 G01 Z-10.0；	
N080 X35.0 W-8.0；	
N090 W-10.0；	
N100 G03 X23.0 Z-39.0 R17.5；	
N110 Z-55.0；	
N120 X19.0；	内孔精加工结束
S1000 F0.1；	转速 1 000，进给量 0.1
N130 G70 P60 Q120；	精加工循环
N140 G00 X100.0 Z100.0；	退刀
N150 M05；	主轴停
N160 M30；	程序停

3.1.3 相关知识

（1）此类零件加工也采用 G71 或 G73 指令，但需要注意精加工余量值的设定。

（2）选用刀具时应根据所加工孔径选择刀具，因为内孔加工刀具在零件的内部，要注意退刀路径，避免刀背与零件接触。

（3）加工内孔时，主轴转速与进给速度应比轴类零件偏小。

3.1.4 零件测量——测量孔径

孔径尺寸精度要求较低时，可以采用金属直尺、游标卡尺进行测量，当精度要求较高时，常采用塞规、内径千分尺和内测千分尺、内径百分表等量具测量，测量时注意正确使用量具。

1. 塞规

用塞规检测孔径时，当过端进入孔内而止端不能进入孔内时，说明工件孔径合格。

2. 内径千分尺

内径千分尺的使用方法如图 3-3 所示。使用内径千分尺测量时，内径千分尺应在孔内摆动，在直径方向应找出最大尺寸，轴向应找出最小尺寸，这两个重合尺寸就是孔的实际尺寸。

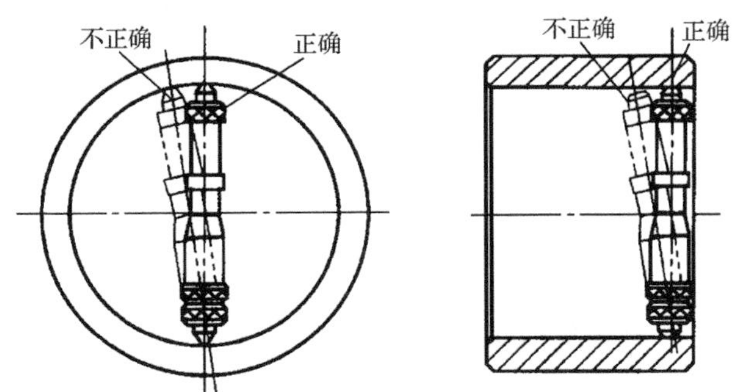

图 3-3 内径千分尺的使用方法

3. 内测千分尺

当孔径小于 25 mm 时，可用内测千分尺测量。内测千分尺及其使用方法如图 3-4 所示。这种千分尺刻线方法与外径千分尺相反，当微分筒顺时针转动时，活动爪向右移动，量值增大。

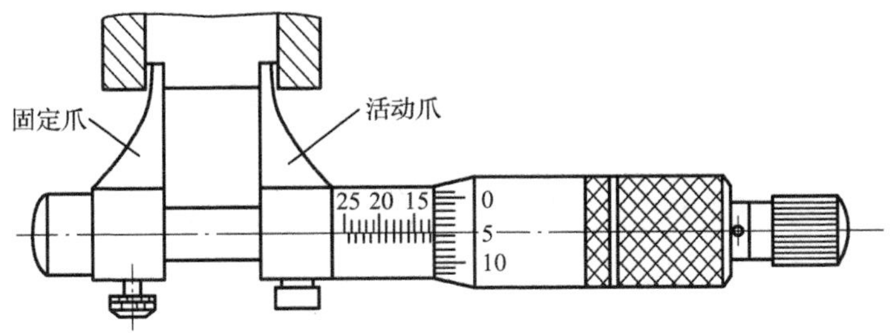

图 3-4 内测千分尺及其使用方法

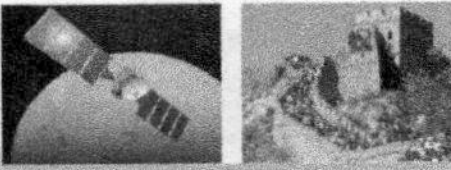

4. 内径百分表

内径百分表如图 3-5 所示。内径百分表用对比法测量孔径，因此使用时应先根据被测量工件的内孔直径，用千分尺将内径表对准“零”位后方可进行测量。其测量方法如图 3-6 所示，取最小值为孔径的实际尺寸。

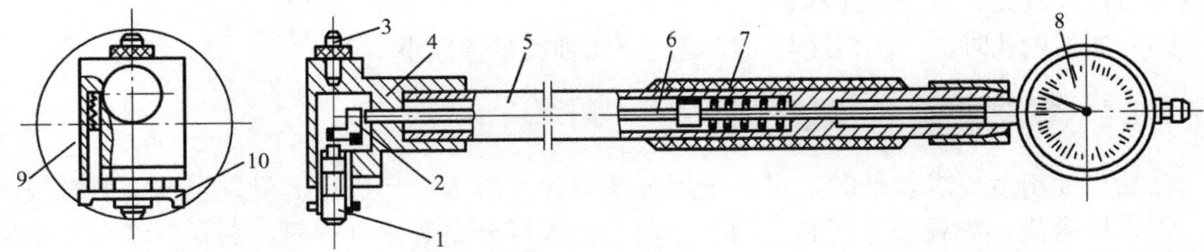

注：1—活动量杆；2—等臂杠杆；3—固定量杆；4—壳体；5—长管；6—推杆；7，9—弹簧；8—百分表；9—定位块

图 3-5 内径百分表

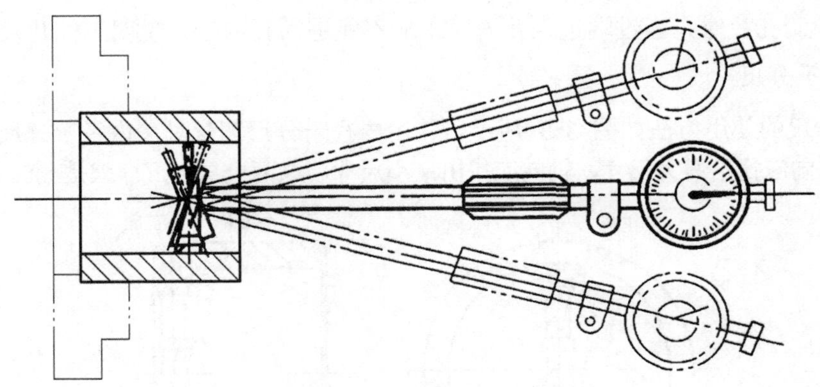

图 3-6 内径百分表的测量方法

3.1.5 拓展指令——深孔钻循环

1. G74——深孔钻循环指令

G74 适用于深孔钻削加工，如图 3-7 所示。

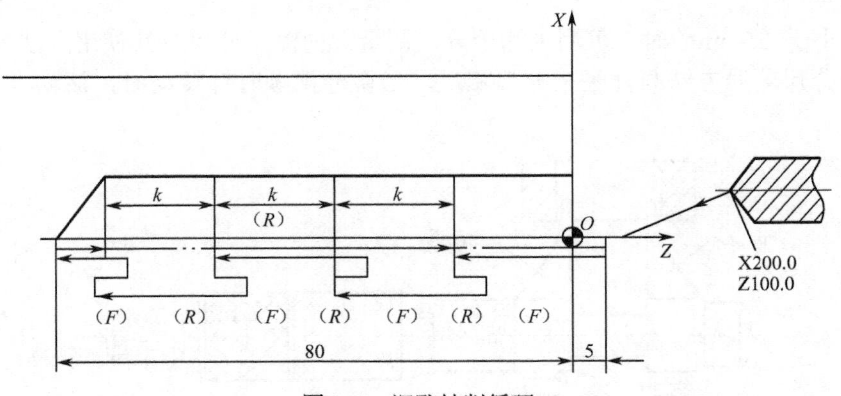

图 3-7 深孔钻削循环

```
指令格式：G74 R（e）；
G74 Z（W）Q（Δk）F_；
```

其中，e ——退刀量；

Z(W)——钻削深度；

Δk——每次钻削长度（不加符号）。

2. G75——外径切槽循环

外径切削循环功能适用于在外圆面上切削沟槽或切断加工。

```
指令格式：G75 R（e）；
G75 X（U）P（Δi）F_；
```

其中，e ——退刀量；

X(U)——槽深；

Δi —— 每次循环切削量。

例如：试编写进行图 3-8 所示零件切断加工的程序。

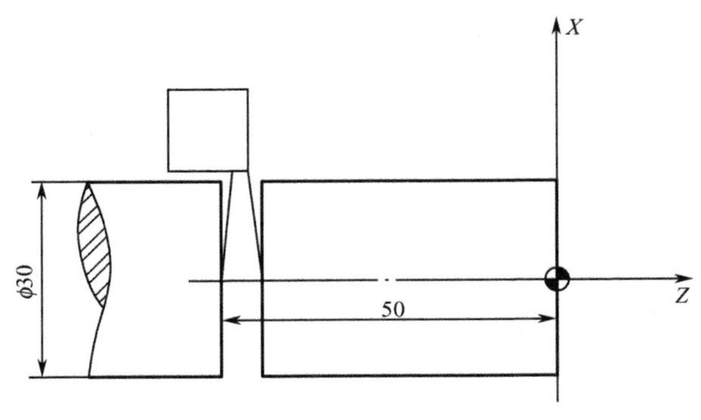

图 3-8 切断加工

```
G50 X200 Z100 T0202;
M03 S600;
G00 X35 Z-50;
G75 R1;
G75 X-1 P5 F0.1;
G00 X200 Z100;
M30;
```

思考与练习 3

一、选择题

1. 用卡盘装夹较长的轴，容易产生（　　）误差。

   A. 圆度　　B. 圆柱度　　C. 同轴度　　D. 垂直度

2. 车轴时，增大（　　）可以减少进给次数，从而缩短机动时间。

   A. 切削速度　　B. 进给量　　C. 背吃刀量　　D. 转速

3．在数控车削加工中，如果工件为回转体，并且需要进行二次装夹，应采用（　　）装夹。

A．三爪硬爪卡盘　B．四爪硬爪卡盘　C．三爪软爪卡盘　D．四爪软爪卡盘

4．数控系统中，（　　）指令在加工过程中是模态的。

A．G01、F　B．G27、G28　C．G04　D．M02

5．在数控车削加工中，如果（　　），可以使用单一固定循环。

A．加工余量加大，不能一刀加工完成　B．加工余量不大

C．加工比较麻烦　D．加工程序比较复杂

6．关于固定循环编程，以下说法正确的是（　　）。

A．固定循环是预先设定好的一系列连续加工动作。

B．利用固定循环编程，可大大缩短程序的长度，减小程序所占内存。

C．利用固定循环编程，可以减少加工时的换刀次数，提高加工效率。

D．固定循环编程，可分为单一与复合固定循环两种类型。

7．当指令“G74 R（e）；G74　X（U）_Z（W）_P（Δi）_Q（Δk）_R（Δd）_F_；”作为深孔的断续加工时，参数（　　）中的值需为0。

A．R（e）　B．Q（Δk）　C．P（Δi）　D．R（Δd）

8．对于指令“G75　R（e）；G75　X（U）Z（W）P（Δi）Q（Δk）R（Δd）F_；”中的“P（Δi）”，下列描述不正确的是（　　）。

A．每次切入量　B．直径量　C．始终为正值　D．不带小数点值

二、判断题

1．加工圆锥面的指令“G90 X _ Z _ R _ F _ ”中，R 为切削起点与圆锥面切削终点的半径差。（　　）

2．加工圆锥面的指令“G90 X _ Z _ R _ F _ ”中 R 不可以为负数。（　　）

3．在执行 FANUC 系统的 G74 指令中，刀具完成一次轴向钻孔后，在 *X* 向的偏移方向由指令中参数 Q 后的正负号确定。（　　）

4．在 FANUC 系统 G74 循环指令执行过程中，*Z* 向每次钻孔深度均相等。（　　）

5．G01、G02、G03、G04 都是模态指令。（　　）

6．执行 G75 指令过程中，刀具完成一次径向切削后，在 *Z* 向的偏移方向由指令中参数 P 后的正负号确定。（　　）

7．G75 循环指令执行过程中，*X* 向每次切深量均相等。（　　）

三、简答题

1．盘套类零件一般有哪些形位精度要求？

2．切削不锈钢材料零件时应注意哪几点？

3．套类零件一般采用什么装夹方法？为什么？

4．加工通孔与台阶孔时内孔刀有何区别？

5．G90 与 G94 指令有何区别？

6．编程与加工内孔时应注意哪些事项？

7．内孔加工可采用哪些指令？它们各有何特点？

4.1 螺纹轴加工

能力目标：

1. 螺纹零件的车削加工工艺知识。
2. 掌握螺纹零件直进法程序编制方法。

知识目标：

1. 重点掌握 G32、G92 指令格式和区别。
2. 掌握三角螺纹的加工工艺。

4.1.1 工作任务

编制如图 4-1 所示螺纹轴程序并加工。工件材料为 45#钢，毛坯为ϕ42 棒料。

4.1.2 任务实施

1. 零件加工分析

此零件加工程序可按图 4-2 所示的加工顺序执行，首先利用外径循环加工图（a），然后换刀加工螺纹退刀槽，如图（b）所示，最后加工螺纹图（c），即可完成所有加工。零件材料为 45#钢，直径为 46 mm，切削加工性能较好，无热处理和硬度要求。尺寸偏差均为正值，且相差不大，即可以编程时不考虑偏差，通过对刀方法来达到需要的公差范围。选择合理的切削参数及刀具即可获得表面粗糙度值 *Ra*3.2。

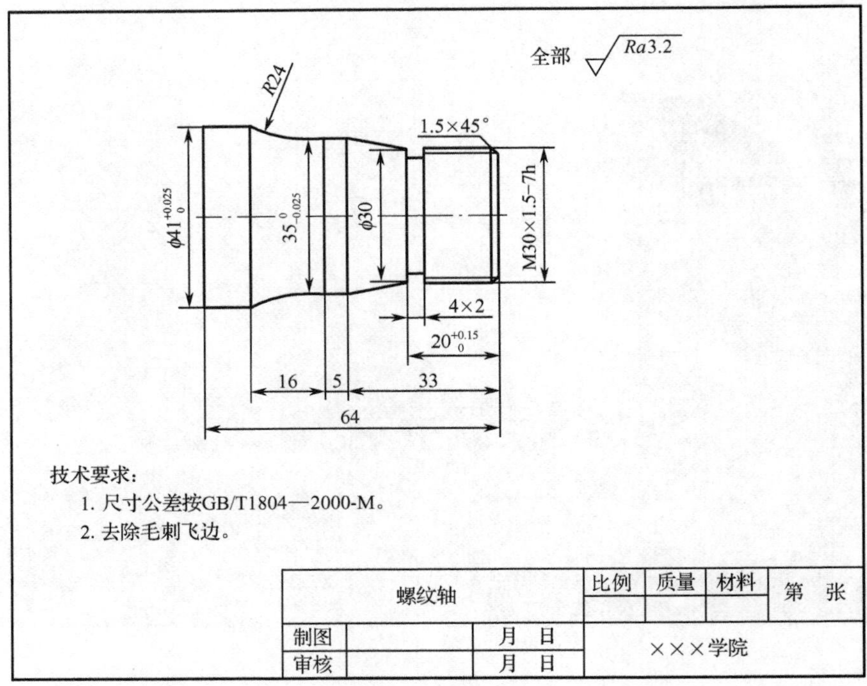

图 4-1　螺纹轴

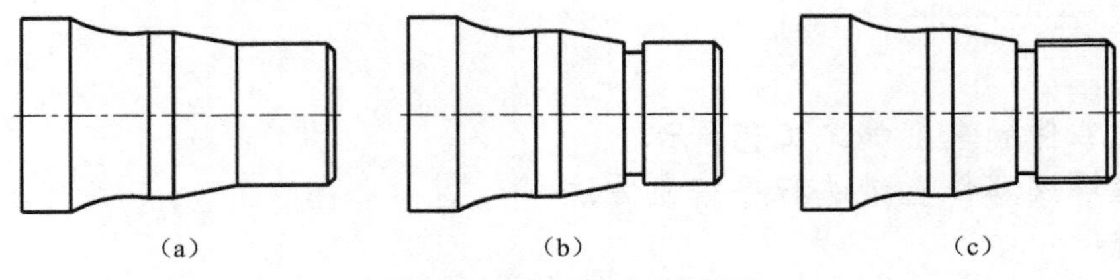

图 4-2　螺纹轴加工顺序图

2. 刀具的选用

数控加工刀具卡片见表 4-1。

表 4-1　数控加工刀具卡片

序号	刀 具 名 称	刀 具 参 数	被加工表面
1	外圆车刀	95° 主偏角	粗、精车外圆轮廓
2	切槽刀	槽宽 4 mm	切螺纹退刀槽
3	外螺纹车刀	60° 刀尖角	加工外螺纹

3. 工艺参数的确定

数控加工工序卡片见表 4-2。

表 4-2　数控加工工序卡片

<table>
<tr><td colspan="2" rowspan="2">数控加工工序卡片</td><td colspan="2">产品名称或代号</td><td colspan="2">零件名称</td><td>材料</td><td colspan="2">零件图号</td></tr>
<tr><td colspan="2"></td><td colspan="2">螺纹轴</td><td>45</td><td colspan="2"></td></tr>
<tr><td colspan="2">（单位）</td><td colspan="2">夹具名称</td><td>夹具编号</td><td>设备名称</td><td>设备型号</td><td colspan="2">车　间</td></tr>
<tr><td>工序号</td><td></td><td colspan="2">三爪卡盘</td><td></td><td>数控车床</td><td></td><td colspan="2"></td></tr>
<tr><td>工步号</td><td>程序号</td><td>工步内容</td><td>刀具号</td><td>刀具规格（mm）</td><td>主轴转速（r/min）</td><td>进给速度（mm/r）</td><td>背吃刀量（mm）</td><td>备注</td></tr>
<tr><td>1</td><td rowspan="4">O0501</td><td>粗车外圆</td><td>T1</td><td></td><td>800</td><td>0.2</td><td>2</td><td></td></tr>
<tr><td>2</td><td>精车外圆</td><td>T1</td><td></td><td>1 500</td><td>0.1</td><td>0.25</td><td></td></tr>
<tr><td>3</td><td>加工退刀槽</td><td>T2</td><td></td><td>600</td><td>0.1</td><td></td><td></td></tr>
<tr><td>4</td><td>车螺纹</td><td>T3</td><td></td><td>700</td><td>0.1</td><td></td><td></td></tr>
</table>

4. 编写程序

零 件 程 序	加工过程描述
O0501；	程序名
N10 G00 X50. Z100.；	刀具快速移动换刀点
N20 T0101；	换 1 号外圆刀
N30 M03 S800；	主轴以 800 r/min 正转
N40 G00 X46. Z2.；	快速移动到 G71 粗加工循环起点
N50 G71 U2. R1.；	外圆粗车循环，每层切深 2 mm，退刀量为 1 mm
N60 G71 P70 Q140 U0.5 W0.3 F0.2；	精车路线 N70 到 N140
N70 G00 X27.；	*X* 向起点
N80 G01 Z0 F0.1；	空切到倒角 *Z* 向起点
N90 X29.85 Z1.5；	切倒角，X29.85 为螺纹精车外圆尺寸
N100 Z-20.；	直线加工
N110 X30.；	台阶加工
N120 X34.9875 Z33.；	车锥体
N130 G02 X41.0125 Z54. R24.；	圆弧加工
N140 Z-64.；	精车末段
N150 G70 P60 Q140 S1000；	精车循环
N160 G00 X50. Z100.；	退到换刀点
N170 T0202 S600；	换 2 号槽刀，切槽宽 4 mm，转速 600
N180 G00 X32.Z20.；	切槽起点
N190 G01 X24.F0.1；	切到槽底
N200 G04 X1.5；	暂停 1.5 s
N210 G00 X50.；	*X* 向退出
N220 Z100.；	移到换刀点

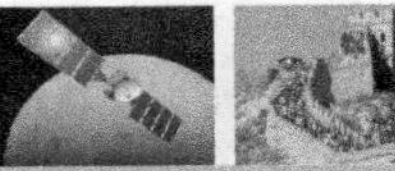

续表

零件程序	加工过程描述
N230 T0303；	换 3 号螺纹刀
N240 S700；	调转速
N250 G00 X30. Z2.；	循环起点
N260 G92 X29.05 Z18. F1.5；	螺纹切削循环 1
N270 X28.45；	螺纹切削循环 2
N280 X28.05；	螺纹切削循环 3
N290 X27.9；	螺纹切削循环 4
N300 G00X50. Z100.；	回到换刀点
N310 M05；	主轴停止
N320 M30；	程序停止，回到程序起点

4.1.3 相关知识

1. 普通螺纹的基本牙型和螺纹要素

在通过螺纹轴线的剖面上，螺纹的轮廓形状称为牙型。在螺纹牙型上，两相邻牙侧面间的夹角称为牙型角。常用普通螺纹的牙型为三角形，牙型角为 60°。

公制普通螺纹的基本牙型如图 4-3 所示。螺纹各部分名称如图 4-4 所示。

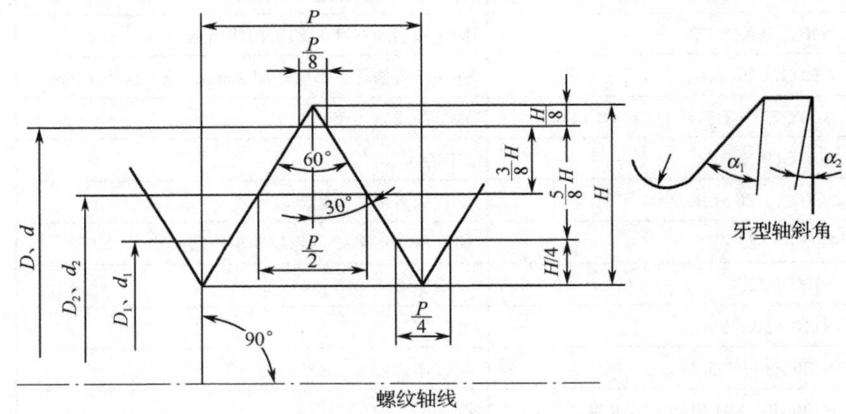

注：D—内螺纹大径；d—外螺纹大径；D_2—内螺纹中径；d_2—外螺纹中径；

D_1—内螺纹小径；d_1—外螺纹小径；P—螺距；H—原始三角高度

图 4-3 螺纹的基本牙型

1）大径、小径和中径

大径是指和外螺纹牙顶、内螺纹牙底相重合的假想柱面或锥面的直径，外螺纹的大径用 d 表示，内螺纹的大径用 D 表示。小径是指和外螺纹的牙底、内螺纹的牙顶相重合的假想柱面或锥面的直径，外螺纹的小径用 d_1 表示，内螺纹的小径用 D_1 表示。在大径和小径之间，设想有一柱面或锥面，在其轴剖面内，素线上的牙宽和槽宽相等，则该假想柱面的直径称为中径，用 d_2（或 D_2）表示。

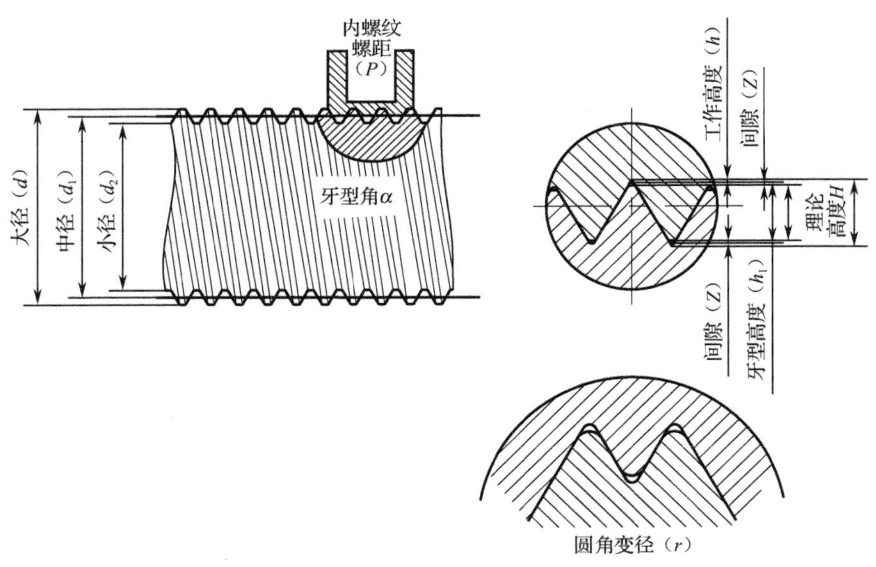

图 4-4　螺纹各部分名称

2）线数（n）

螺纹有单线与多线之分。沿一条螺旋线所形成的螺纹称为单线螺纹；沿两条或两条以上轴向等距分布的螺旋线所形成的螺纹称为多线螺纹，其在垂直于轴线的剖面内是均匀分布的。

3）螺距（P）和导程（S）

螺距是指相邻两牙在中径线上对应两点间的轴向距离；导程是指同一条螺旋线上相邻两牙在中径线上对应两点间的轴向距离。应注意，螺距与导程是两个不同的概念。单线螺纹 $P=S$，多线螺纹 $P=S/n$。

4）旋向

螺纹的旋转方向称为旋向。螺纹分左旋和右旋两种。顺时针旋转时旋入的螺纹称为右旋螺纹；逆时针旋转时旋入的螺纹称为左旋螺纹。

旋向可按下列方法判定：

如图 4-5 所示，将外螺纹轴线垂直放置，螺纹的可见部分是右高左低者称为右旋螺纹，左高右低者称为左旋螺纹。

螺纹的牙型、直径、螺距、线数和旋向称为螺纹五要素，只有五要素都相同的内、外螺纹才能互相旋合在一起。

2. 螺纹车刀的安装

螺纹车刀的刀尖角度直接决定了螺纹的成型和螺纹的精度，安装螺纹车刀时，车刀的刀尖角等于螺纹的牙型角α=60°，其前角 γ_0=0 以保证工件螺纹的牙型角，否则牙型角将产生误差。只有粗加工或螺纹精度要求不高时，为提高切削性能，其前角才可取 γ_0=5°～20°。安装螺纹车刀时，刀尖对准工件中心，并用样板对刀，以保证刀尖角的角平分线与工件的轴线相垂直，这样车出的牙型角才不会偏斜。如图 4-6 所示。刀尖安装高度和工件轴线等

高，为防止硬质合金车刀高速切削时扎刀，刀尖允许高于工件轴线 1/100 的螺纹大径。

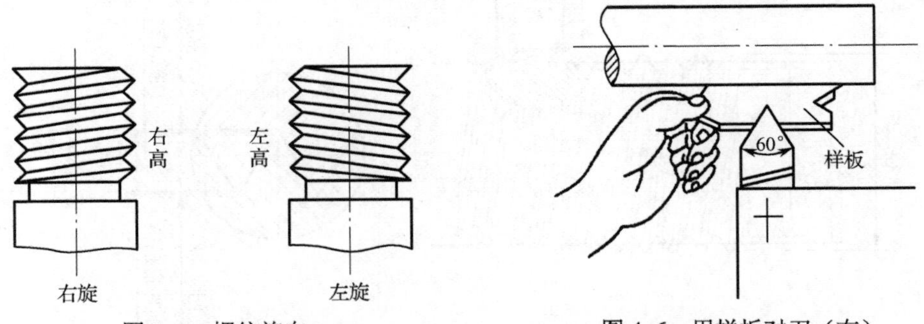

图 4-5　螺纹旋向　　图 4-6　用样板对刀（右）

3. 螺纹编程工艺知识

螺纹零件在零件图形上一般用简化形式标注，如 M30×2，表示公称直径为 30 mm，螺距为 2 mm。螺纹零件基本牙型的加工形成过程必须分多次往复切削完成，数控编程加工时须注意有关车工工艺知识，主要有以下几点。

1）进退刀点及主轴转向

根据所选用车床刀架是前置或后置、所选用刀具是左偏刀或右偏刀，可按图 4-7 和图 4-8 所示方法判断并选择正确的主轴旋轴方向和刀具切削进退方向。如图 4-7（a）所示为前置刀架常见的主轴正转、刀具自右向左进行加工；当采用后置刀架加工时，如图 4-7（b）所示，应为主轴反转、自左向右进行加工。反之，称为左旋螺纹，如图 4-7（c）和 4-7（d）所示。加工内螺纹时，如图 4-8 所示，一般自右向左进行切削加工。

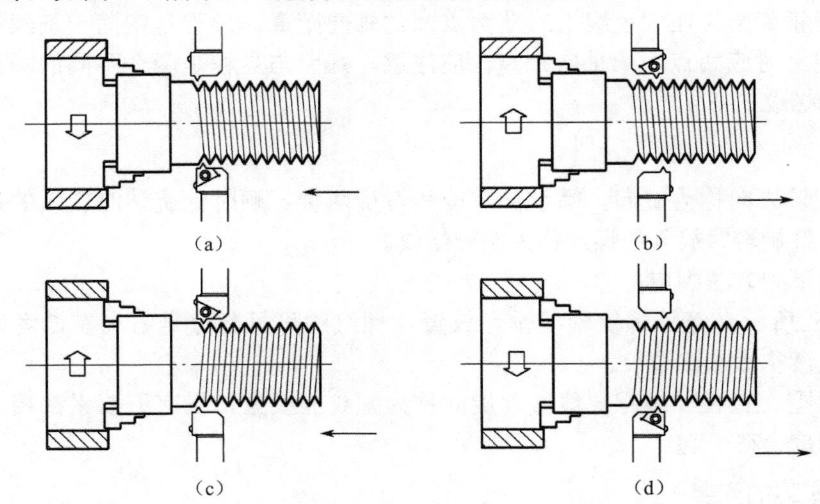

图 4-7　外螺纹加工方式

2）进刀方式

（1）单向切入法。如图 4-9（a）所示，此切入法切削刃承受的弯曲压力小，状态较稳定，成屑形状较为有利，切深较大，侧向进刀时，齿间有足够空间排出切屑。用于加工螺距为 4 mm 以上的不锈钢等难加工材料的工件或刚性低易振动工件的螺纹。

（2）直进切入法。如图 4-9（b）所示，切削时左、右刀刃同时切削，产生的 V 形铁屑作用于切削刃口会引起弯曲力较大。加工时要求切深小，刀刃锋利。适用于一般的螺纹切削，加工螺距为 4 mm 以下的螺纹。

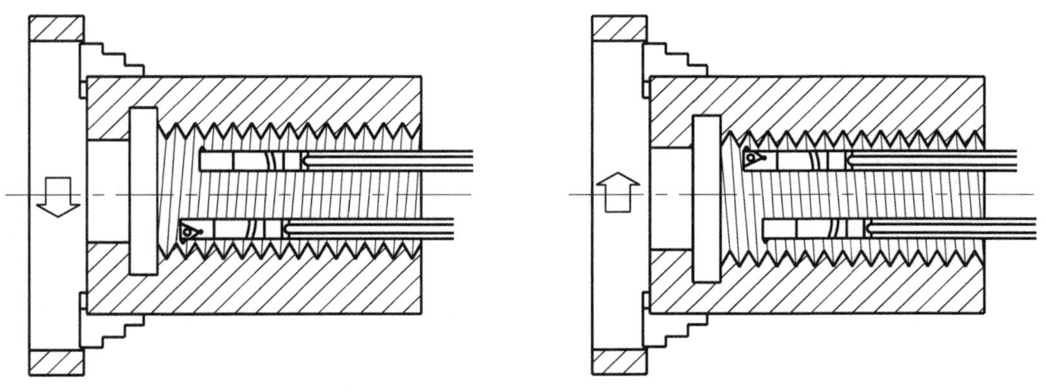

图 4-8　内螺纹加工方式

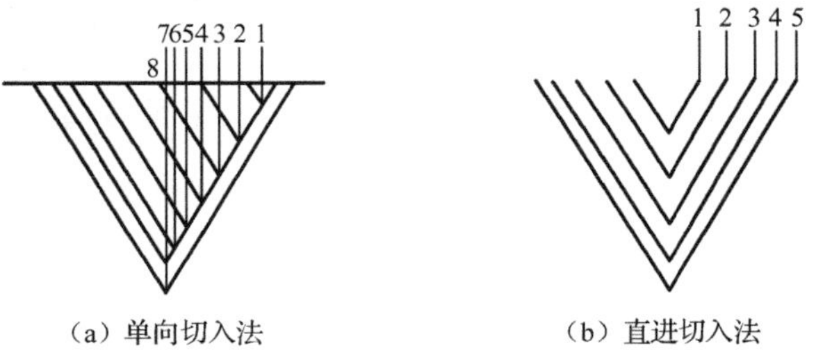

（a）单向切入法　　（b）直进切入法

图 4-9　螺纹进刀切削方式

3）进刀次数的确定

（1）加工余量。螺纹加工分粗加工工序和精加工工序，经多次重复切削完成，一般第一刀切除量可为 0.7～1.5 mm，依次递减，精加工余量为 0.1 mm 左右。进刀次数根据螺距计算出需切除的总余量来确定。螺纹切削总余量就是螺纹大径尺寸减去小径尺寸，即牙深 h 的 2 倍。牙深表示螺纹的单边高度，计算公式为：

$$（牙深）h = 0.649\,5P（螺距）$$

一般采用直径编程，须换算成直径量。需切除的总余量为：

$$2 \times 0.649\,5P = 1.299P（螺距）$$

例如：$\text{M30} \times 2\text{mm}$ 螺纹的加工余量 $= 1.299 \times 2 = 2.598(\text{mm})$。

（2）编程计算。小径值为：

$$30 - 2.598 = 27.402$$

在数控车床上加工螺纹时的进刀方法通常有直进法、斜进法。当螺距大于 3 mm 时，一般采用斜进法（见图 4-9（a））；当螺距小于 3 mm 时，一般采用直进法（见图 4-9（b））。根据螺纹的加工质量要求，车削时应遵循后一刀背吃刀量不能超过前一刀背吃刀量的原则，即递减的背吃刀量分配原则，确定径向进给次数及背吃刀量，否则会因切削面积的增加、切削力过大而损坏刀具。常用螺纹加工中的进给次数及背吃刀量也可参考表 4-3。

表 4-3 常用螺纹加工中的进给次数及背吃刀量

公制螺纹（mm）								
螺距		1.0	1.5	2.0	2.5	3.0	3.5	4.0
实际牙深		0.65	0.975	1.3	1.625	1.95	2.275	2.6
切深		1.3	1.95	2.6	3.25	3.9	4.55	5.2
走刀次数及背吃刀量	1 次	0.7	0.8	0.9	1.0	1.2	1.5	1.5
	2 次	0.4	0.6	0.6	0.7	0.7	0.7	0.8
	3 次	0.2	0.4	0.6	0.6	0.6	0.6	0.6
	4 次		0.15	0.4	0.4	0.4	0.6	0.6
	5 次			0.1	0.4	0.4	0.4	0.4
	6 次				0.15	0.4	0.4	0.4
	7 次					0.2	0.2	0.4
	8 次						0.15	0.3
	9 次							0.2

根据表中进刀量及切削次数，计算每次切削进刀点的 X 坐标值。

第一刀 X 坐标值：$30-0.9=29.1$

第二刀 X 坐标值：$30-0.9-0.6=28.5$

第三刀 X 坐标值：$30-0.9-0.6-0.6=27.9$

第四刀 X 坐标值：$30-0.9-0.6-0.6-0.4=27.5$

第五刀 X 坐标值：$30-0.9-0.6-0.6-0.4-0.1=27.4$

注：表中给出的背吃刀量及切削次数为推荐值。编程者可根据自己的经验和实际情况进行选择。在数控车床上高速加工时，如 2mm 螺距的螺纹三刀可完成。

4）螺纹实际直径的确定

由于高速车削挤压引起螺纹牙尖膨胀变形，因此外螺纹的外圆应车到最小极限尺寸，内螺纹的孔应车到最大极限尺寸，螺纹加工前，先将加工表面加工到的实际直径尺寸按公式计算，如标注为 M30×2mm 的螺纹：

内螺纹加工前的内孔直径：$D_{孔}=d-1.0825P$

外螺纹加工前的外圆直径：$D_{外}=D-(0.1-0.2165)P$

5）主轴转速

数控车床进行螺纹切削时，根据主轴上的位置编码器发出的脉冲信号控制刀具移动形成螺旋线。不同系统采用的主轴转速范围不同，可参照车床操作说明书要求，一般经济型数控车床推荐车螺纹时的最高转速为

$$n \leqslant \frac{1200}{P}-K \tag{4-1}$$

式中 P——工件的螺距，mm；

K——保险系数，一般取 80；

n——主轴转速，r/min。

因为螺纹切削是在主轴上的位置编码器输出一转信号时开始的，所以螺纹切削在圆周上是从固定点开始的，且刀具在工件上的轨迹不变而重复切削螺纹。注意：主轴速度从粗切到精切必须保持恒定，否则螺纹导程不正确。在螺纹加工轨迹中应设置足够的升速段和降速退刀段，以消除伺服滞后造成的螺距误差。如图 4-10 所示，实际加工螺纹的长度应包括切入和切出的空行程量，切入空刀行程量一般取 2～5 mm；切出空刀行程量一般取 0.5～1 mm，数控车床可加工无退刀槽的螺纹。

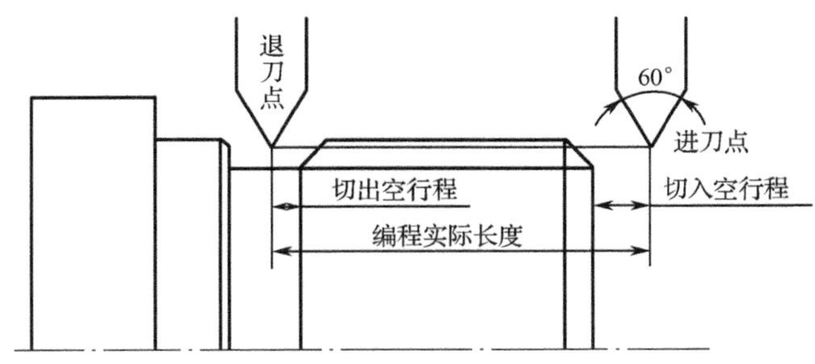

图 4-10　螺纹加工进、退刀点

4. 指令介绍

1）G04——暂停指令

G04 可使刀具做短时间无进给加工或车床空运转，使加工表面降低表面粗糙度。

```
指令格式：G04 X（U）_；
          G04 P_；
```

其中，X、U、P 为暂停时间。X、U 后面可用带小数点的数，单位为 s，如 G04X2.0 表示前面的程序执行完后要经过 2 s 的进给暂停。P 后面不允许用小数点，单位为 ms，如 G04 P2000 表示进给暂停 2 s。

2）G32——螺纹切削指令

```
指令格式：G00 X（U）__ Z（W）__；切削起点
          G32 X（U）__ Z（W）__F__；
```

其中，F——螺纹的导程；

X _ Z _——螺纹切削终点坐标值；

U _ W _——螺纹切削终点相对于起点的坐标增量。

X 省略时为圆柱螺纹切削；Z 省略时为端面螺纹切削；X、Z 均不省略时，与切削起点不同时为锥螺纹切削。

G32 编程时，为了方便编程，一般采用直进切入法。由于两侧刃同时工作，切削力较大，且排屑困难，因此在切削时，两切削刃容易磨损。在切削螺距较大的螺纹时，由于切削深度较大，刀刃磨损较快，从而造成螺纹中径产生误差；但是其加工的牙型精度较高，因此一般多用于小螺距螺纹的加工。由于其刀具移动、切削均靠编程来完成，所以加工程序较长；由于刀刃容易磨损，所以加工中要做到勤测量。

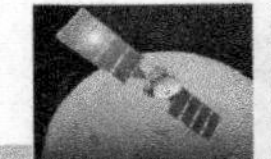

编程举例：

零件如图 4-11 所示，用 G32 指令编制螺纹大径为 30 mm 的螺纹导程加工程序（此指令每完成一刀需 4 个程序段，共要 16 个程序段）。

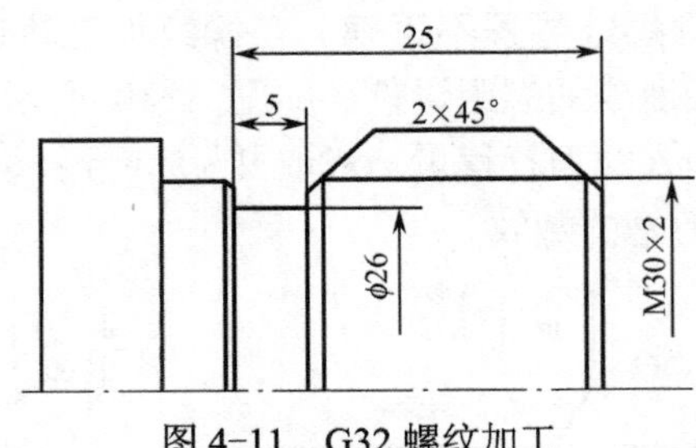

图 4-11　G32 螺纹加工

编写螺纹加工程序如下。

零 件 程 序	加工过程描述
T0202;	螺纹刀
G00X29.1Z4.;	第一刀加工起点，切深 0.9 mm，升速段 4 mm
M03S400;	主轴正转，低转速 400 r/min
G32Z-22.F2.;	切削螺纹，降速段 2 mm
G00X32.	*X* 向退刀
Z4.	*Z* 向退刀
X28.5	第二刀起点，切深 0.6 mm
G32Z-22.F2.	切削螺纹，降速段 2 mm
G00X32.	*X* 向退刀
Z4.	*Z* 向退刀
X27.9	第三刀起点，切深 0.6 mm
G32X-22.F2.	切削螺纹，降速段 2 mm
G00X32.	*X* 向退刀
Z4.	*Z* 向退刀
X27.5	第四刀起点，切深 0.4 mm
G32Z-22.F2.	切削螺纹，降速段 2 mm
G00X32.	*X* 向退刀
Z4.	*Z* 向退刀
X27.42	第五刀起点，切深 0.08 mm（精车）
G32Z-22.F2.	切削螺纹，降速段 2 mm
G00X60.Z60.	退刀
M30	程序结束

3）G92——螺纹切削循环指令

该指令可循环加工圆柱螺纹和锥螺纹。应用方式与 G90 外圆循环指令有类似之处。

（1）圆柱螺纹切削循环。

```
格式：G00X _ Z _；（循环起点）
      G92X X（U）_ Z（W）_F _；
```

其中，X _ Z _——螺纹切削终点坐标值；

U _ W _——螺纹切削终点相对于循环起点的坐标增量；

F _——螺纹的导程，单线螺纹时为螺距。

执行 G92 指令时，动作路线如图 4-12 所示：①从循环起点快速移动至螺纹起点；②螺纹起点切削至螺纹终点；③X 向快速退刀；④Z 向快速回循环起点。

编程示例：

如图 4-13 所示，螺纹大径为 M30，导程为 F1.5。（根据表 4-3 可知，切削螺纹需要 4 刀才能完成）。

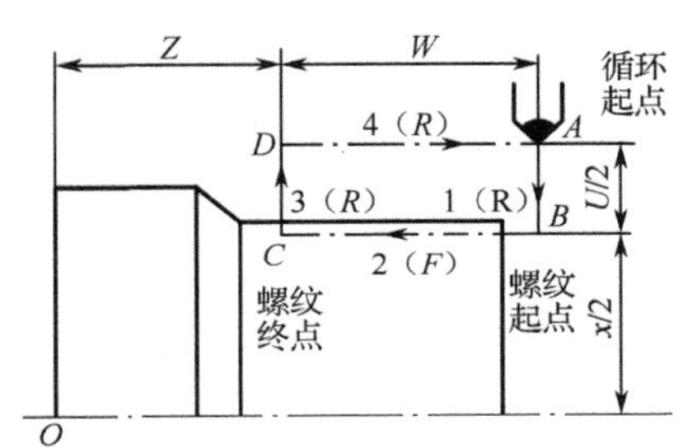

图 4-12 圆柱螺纹切削循环

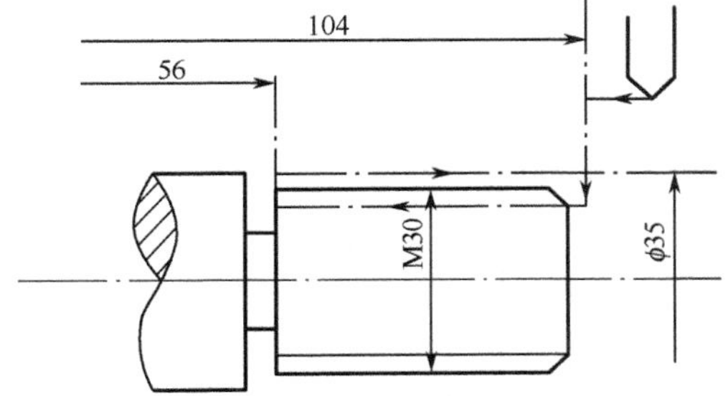

图 4-13 G92 圆柱螺纹循环切削（F1.5）

编写螺纹加工程序如下：

零 件 程 序	加工过程描述
T0202；	螺纹刀
M03S400；	主轴正转，低转速 400 r/min
G00X35.Z4. ；	螺纹切削循环起点，升速段 4 mm
G92X29.1Z-52F1.5；	螺纹切削循环 1，进 0.9 mm
X28.5；	螺纹切削循环 2，进 0.9 mm
X28.15；	螺纹切削循环 3，进 0.9 mm
X28.05；	螺纹切削循环 4，进 0.9 mm
G00X100.Z100. ；	回到起刀点，为下次加工做准备
M05；	主轴停止
M30；	程序结束并回到程序起点

（2）锥螺纹切削循环。

```
格式：G00X _ Z _；
      G92 X（U）_ Z（W）_ R _ F _；
```

其中，X _ Z _——螺纹切削终点坐标值；

U _ W _——螺纹切削终点相对于循环起点的坐标增量；

R _——锥螺纹切削起点与圆锥面切削终点的半径之差，加工圆柱螺纹时，R 为零，可省略；

F _——螺纹的导程。

如图 4-14 所示，刀具从循环起点开始按梯形循环，最后又回到循环起点，图中虚线表示按 *R* 快速移动，实线表示按指令的工件进给速度移动。

进行编程时，应注意 *R* 的正、负符号。无论是前置还是后置刀架，正、倒锥体或内、外锥体，判断原则都是假设刀具起始点为坐标原点，以刀具 *X* 向的走刀方向确定正负。*R* 值的计算、判断与 G90 相同。

编程示例：

如图 4-15 所示，使用 G92 锥螺纹加工。

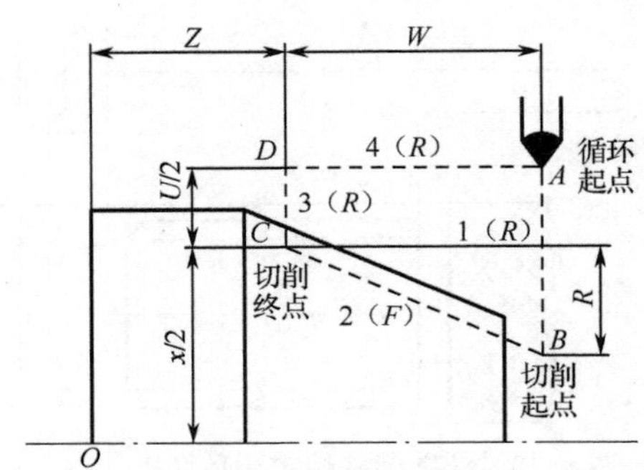

图 4-14 锥螺纹切削循环

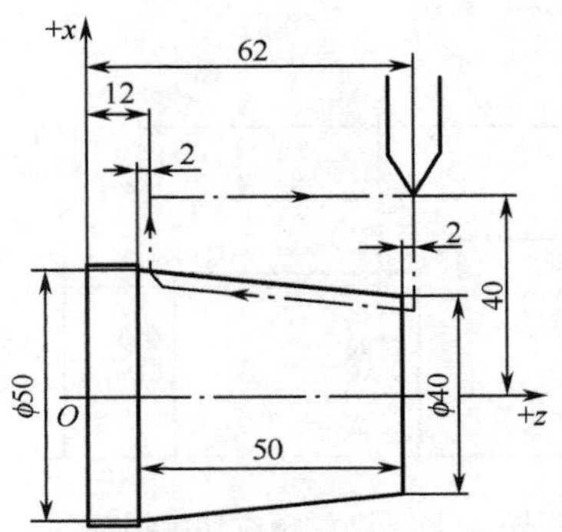

图 4-15 G92 锥螺纹切削循环（F2）

编写螺纹加工程序如下：

零 件 程 序	加工过程描述
T0202;	螺纹刀
M03S400;	主轴正转，低转速 400 r/min
G00X52.Z4.;	螺纹切削循环起点，升速段 4 mm
G92X49.62.1Z-52R-5.F2.;	螺纹切削循环 1
X48.7R-5;	螺纹切削循环 2
X48.1R-5;	螺纹切削循环 3
X47.5R-5;	螺纹切削循环 4
X47.1R-5;	螺纹切削循环 5
X47.R-5;	螺纹切削循环 6
G00X100.Z100.;	回到起刀点，为下次加工做准备
M30;	程序结束并且回到程序起点

4.1.4 零件测量——单项与综合测量

1. 单项测量法

单项测量法是用量具测量螺纹的某一项参数。

（1）螺距的测量。对一般精度要求的螺纹，螺距常用游标卡尺和螺距规进行测量。

（2）大、小径的测量。外螺纹大径和小径的公差都比较大，一般用游标卡尺或螺纹千分尺测量。

（3）中径的测量常用以下两种方法。

① 用螺纹千分尺测量。三角形螺纹的中径用螺纹千分尺测量。螺纹千分尺的刻线原理和读数方法与千分尺相同，所不同的是螺纹千分尺附有两套（60° 和 55° ）适用于不用牙型角和不同螺距的测量头。测量头可根据测量的需要进行选择，然后分别插入千分尺的测杆和砧座的位置，使千分尺对准零位。

测量时，与螺纹牙型角相同的上、下两个测量头，正好卡在螺纹的牙侧。

② 用三针测量。用三针测量外螺纹中径是一种比较精密的测量方法。测量时，把三根针放置在螺纹两侧相对应的螺旋槽内，用千分尺测出两边顶针之间的距离。

2. 综合测量法

综合测量法是用螺纹量规对螺纹各主要参数进行综合性测量。螺纹量规包括螺纹塞规和螺纹环规，它们都分为通规和止规两种，在使用中不能搞错，如果通规难以拧入，应对螺纹的各直径尺寸、牙型角、牙型半角和螺距等进行检查，经修正后再用量规检验。

4.2 内螺纹加工

能力目标：

1. 掌握内螺纹零件的车削加工工艺知识。
2. 熟悉综合件加工工艺分析方法，合理确定加工方案。

知识目标：

1. 重点掌握 G76 指令格式和内部参数的意义。
2. 掌握 G76 指令的编程方法及编程规则。

4.2.1 工作任务

编制如图 4-16 所示工件的加工程序并加工。工件材料为 45#钢，毛坯为ϕ50 棒料，要求完成工件外圆粗、精加工及内螺纹加工，毛坯以预制ϕ20 mm、深 26 mm 底孔。

4.2.2 任务实施

1. 零件加工分析

根据图样中螺纹标注可知，零件右端内螺纹为普通细牙螺纹，公称直径为 24 mm，螺距为 2 mm，单线，右旋，螺纹长度为 21 mm，螺纹中、顶径公差带代号为 7H。

2. 确定工艺及编制加工路线

用三爪卡盘自定位，一次装夹依次完成外形轮廓，粗、精加工，螺纹孔底加工，内螺纹加工，加工步骤如下：

（1）用 G71 循环指令进行外形轮廓粗加工。

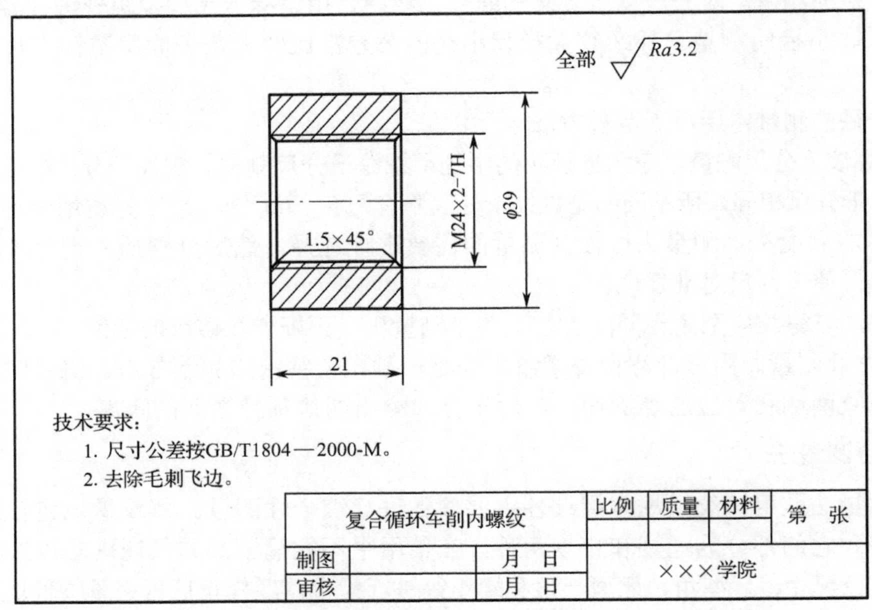

图 4-16 复合循环车削内螺纹

（2）用 G70 循环指令进行外形轮廓精加工。

（3）用 G90 指令粗、精加工内孔轮廓。

（4）用 G76 循环指令加工内螺纹。

（5）用槽刀保证 21 mm 总长。

3. 内螺纹加工尺寸相关计算

1）螺纹切削径向尺寸计算

内螺纹的编程小径：$D_1 = D - P = 24 - 2 = 22(\text{mm})$。

内螺纹的编程大径：该直径为内螺纹切削终点处的 X 坐标值。

螺纹总切削深：内螺纹加工中，螺纹总切削深的取值与外螺纹加工相同，即 $h \approx 1.3P$（直径量）。

螺纹牙高 $k \approx 0.65P = 0.65 \times 2 = 1.3(\text{mm})$。

2）螺纹加工起点、终点坐标值的确定

（1）螺纹加工起点 X 坐标值的确定。一般情况下应小于螺纹孔底直径，取值为 20 mm。

（2）螺纹加工起点 Z 坐标值的确定。螺纹加工起点的 Z 坐标值应在螺纹起点 Z 坐标值的基础上加上螺纹升速段 4 mm。

3）螺纹切削终点坐标值的确定

（1）螺纹切削终点 X 坐标值的确定。螺纹切削终点的 X 坐标值为螺纹的底径，即内螺纹大径，取公称直径 $D = 24(\text{mm})$。

（2）螺纹切削终点 Z 坐标值的确定。螺纹切削终点的 Z 坐标值为 -21 mm。

4）G76 加工参数的确定

精加工重复两次，即 m 值为 02；无退刀槽时，螺纹切削终点处退尾，退尾处 Z 向退刀距离为 1.0L，即 r 值为 10；普通牙型角 60°，α 值为 60；圆柱螺纹加工中，半径差为 i 值；单线螺纹，进给量取螺距值，即 L 值为 2。

4. 刀具的选用

选择机械夹固式可转位外圆车刀和内孔车刀、内螺纹车刀，见表 4-4。

表 4-4　数控加工刀具卡片

序号	刀具名称	刀具参数	被加工表面
1	外圆车刀	95° 主偏角	粗、精车外圆轮廓
2	内孔车刀	95° 主偏角	粗、精车螺纹底孔
3	内螺纹车刀	60° 刀尖角	内、外螺纹
4	槽刀	槽宽 3 mm	切断加工

5. 工艺参数的确定

数控加工工序卡片见表 4-5。

表 4-5　数控加工工序卡片

<table>
<tr><td colspan="3" rowspan="2">数控加工工序卡片</td><td colspan="2">产品名称或代号</td><td colspan="2">零件名称</td><td>材料</td><td colspan="2">零件图号</td></tr>
<tr><td colspan="2"></td><td colspan="2">螺纹轴</td><td>45</td><td colspan="2"></td></tr>
<tr><td colspan="3">（单位）</td><td colspan="2">夹具名称</td><td>夹具编号</td><td>设备名称</td><td>设备型号</td><td colspan="2">车　间</td></tr>
<tr><td>工序号</td><td colspan="2"></td><td colspan="2">三爪卡盘</td><td></td><td>数控车床</td><td></td><td colspan="2"></td></tr>
<tr><td>工步号</td><td>程序号</td><td colspan="2">工步内容</td><td>刀具号</td><td>刀具规格（mm）</td><td>主轴转速（r/min）</td><td>进给速度（mm/r）</td><td>背吃刀量（mm）</td><td>备注</td></tr>
<tr><td>1</td><td rowspan="5">O0502</td><td colspan="2">粗车外圆</td><td>T1</td><td>91° 外圆刀</td><td>800</td><td>0.2</td><td>2</td><td></td></tr>
<tr><td>2</td><td colspan="2">精车外圆</td><td>T1</td><td>91° 外圆刀</td><td>1 000</td><td>0.1</td><td>0.25</td><td></td></tr>
<tr><td>3</td><td colspan="2">车螺纹底孔</td><td>T2</td><td>内孔车刀</td><td>600</td><td>0.1</td><td></td><td></td></tr>
<tr><td>4</td><td colspan="2">车内螺纹</td><td>T3</td><td>螺纹刀</td><td>400</td><td>0.1</td><td></td><td></td></tr>
<tr><td>5</td><td colspan="2">槽刀</td><td>T4</td><td>3 mm 槽髋</td><td>400</td><td>0.1</td><td></td><td></td></tr>
</table>

6. 编写程序

零件程序	加工过程描述
O0502;	程序名（加工右端零件）
N10 G00 X100. Z100.;	刀具快速移动至换刀点（G54 对刀）
N20 T0101;	换 1 号刀
N30 M03 S800;	主轴以 800 r/min 正转
N40 G00 X52. Z1.;	快速移动到 G71 循环起点
N50 G71 U2. R1.;	外圆粗车循环，每层切深 2 mm，退刀量为 1 mm
N60 G71 P70 Q110 U0.5 W0.3 F0.2;	精车路线 N70 到 N110
N70 G00 X36.;	精加工开始
N80 G01 X40. Z-1. F0.1;	

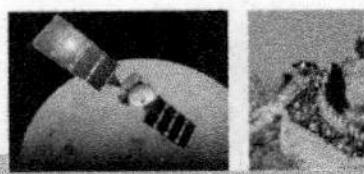

续表

零件程序	加工过程描述
N90 Z-20.;	
N100 X48.;	
N110 Z-31.;	
N120 G70 P70 Q110;	精加工循环
N130 G00 X100. Z100.;	
N140 T0202;	换2号刀
N150 G00 X19. Z2.;	
N160 G90 X21.5 Z-24. F0.15;	粗、精车内孔
N170 X22.;	
N180 G00 X100. Z100.;	
N190 T0303;	换3号刀
N200 G00 X20. Z4. S400;	
N210 G76 P021060 Q100 R-0.1;	加工内螺纹
N220 G76 X24. Z-21. P1300 Q300 F2.;	
N230 G00 X100. Z100.;	
N240 T0404;	换切槽刀
N250 G00 X30. Z-24.;	
N260 G01 X-1. F0.1;	切断
N270 X30.;	
N280 G00 X100. Z100.;	回到起刀点
N290 T0101;	
N300 M05;	主轴停转
N310 M30;	程序结束

4.2.3 相关知识

1. 内螺纹径向尺寸计算

1）内螺纹的顶径

内螺纹的顶径即小径，高速车削三角形内螺纹时，考虑螺纹的公差要求和螺纹切削过程中对小径的挤压作用，所以车削内螺纹前的孔径（实际小径 d_1' ）要比内螺纹小径 d_1 略大些，可采用下列近似公式计算。

（1）车削塑性金属时：$d_1' \approx d-P$。

（2）车削脆性金属时：$d_1' \approx d-1.05P$。

2）内螺纹的底径

内螺纹的底径即大径，取螺纹的公称直径 d 值。该直径为内螺纹切削终点处的 X 坐标。

3）内螺纹的中径

在数控车床上，螺纹的中径是通过控制螺纹的削平高度（由螺纹车刀的刀尖体现）、牙

型高度、牙型角和底径来综合控制的。

4）螺纹总切深

内螺纹加工中，螺纹总切深的取值与外螺纹加工相同，即 $h' \approx 1.3P$（直径值）。

2. 三角形内螺纹车削用刀具

数控加工中，常用焊接式和机夹式内螺纹车刀，刀片材料一般为硬质合金或硬质合金涂层。

3. 螺纹切削复合循环指令 G76

1）指令格式

```
G76 P (m) (r) (α) Q (Δdmin) R (d) ;
G76 X (U) __ Z (W) __ R (i) P (k) Q (Δd) F (f) ;
```

其中，m——精车重复次数，从 1～99，该参数为模态量。

r——螺纹尾部倒角量，该值的大小可设定在 0.0～9.9 L，系数应为 0.1 的整数倍，用 00～99 之间的两位整数来表示，其中 L 为螺距。该参数为模态量。

α——刀尖角度，从 80°、60°、55°、30°、29° 和 0 共 6 个角度中选择，用两位整数来表示，常用 60°、55° 和 30° 三个角度。该参数为模态量。

m、r 和α用地址 P 同时指定，如 m=2，r=1.2L，α=60° 表示为 P021260。

Δd_{min}——最小车削深度（μm），用半径程序设计指定。

d——精车余量（μm），用半径编程指定。该参数为模态量。

X（U）、Z（W）——螺纹终点坐标（mm）。

i——螺纹部分的半径差（mm）。加工圆柱螺纹时，i=0，可省略该参数；加工圆锥螺纹时，当 X 向切削起点坐标小于切削终点坐标时，i 为负值，反之为正。

k——螺纹高度（μm），用（X 轴方向上的）半径值指定。

Δd——第一次车削深度（μm），用（X 轴方向上的）半径值指定。

f——螺纹螺距（单线螺纹）或螺纹导程（多线螺纹）（mm）。

在螺纹切削复合循环指令 G76 中，Q、P、R 地址后的数值一般以无小数点形式表示。加工三角螺纹时，以上参数一般取：m=2，r=1.1 L，α=60°，表示为 P021160。Δd_{min}=0.1 mm，d=0.05 mm，k=0.65 P，Δd 根据零件材料、螺纹导程、刀具和车床刚性综合给定，建议取 0.7～2.0 mm。其他参数由零件具体尺寸确定。

编程示例：

试编写如图 4-17 所示圆柱螺纹的加工程序，螺距为 6 mm。（升速进刀段取δ_1=3 mm，减速退刀段取δ_2=2 mm）

加工三角螺纹，取 m=2，r=1.2L，α = 60°，表示为 P021260。

```
......
G00 X70 Z133
G76 P021260 Q100 R100
G76 X60.64 Z23 R0 F6 P3680 Q1800
......
```

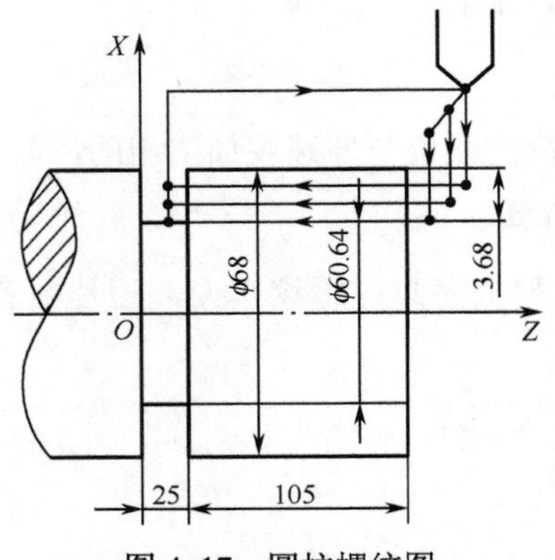

图 4-17　圆柱螺纹图

2）走刀轨迹分析

螺纹切削复合循环指令 G76 的运动轨迹如图 4-18 所示。以圆锥外螺纹为例，刀具从循环起点 *C* 处，以 G00 方式沿 *X* 向进给至螺纹牙顶的 *X* 坐标处（*B* 点，该点的 *X* 坐标值=小径+2*k*），然后沿基本牙型一侧平行的方向进给，*X* 向切深为 *d*，再以螺纹切削方式切削至离 *Z* 向终点距离为 *r* 处，倒角退刀至 *D* 点，再沿 *X* 向退刀，最后返回 *C* 点，准备第二刀切削循环。如此分多刀切削循环，直至循环结束。

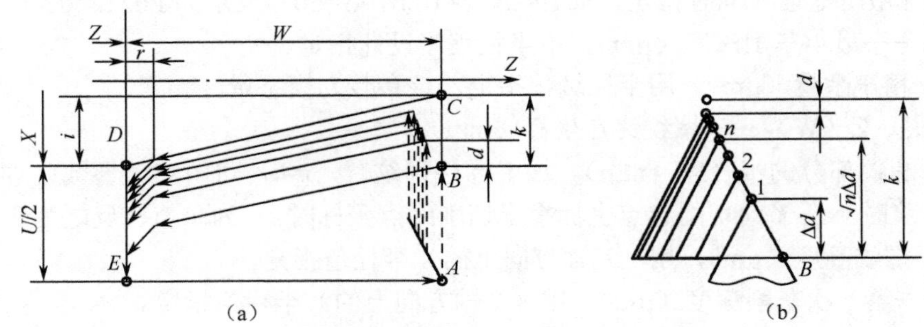

图 4-18　螺纹切削复合循环指令 G76 的运动轨迹

3）循环起点的确定

通过走刀轨迹分析可知，G76 指令的循环起点 *X* 向略大于螺纹顶径（外螺纹）、略小于螺纹底孔直径（内螺纹）。

4）指令说明

第一刀切削循环时，背吃刀量为Δd（见图 4-18（b）），第二刀的背吃刀量为$(\sqrt{2}-1)\Delta d$，第 *n* 刀的背吃刀量为$(\sqrt{n}-\sqrt{n-1})\Delta d$。因此，执行 G76 循环的背吃刀量是逐步递减的。

G76 指令进刀，螺纹车刀向深度方向并沿基本牙型一侧的平行方向进刀，保证了螺纹粗车过程中始终用一个刀刃进行切削，减小了切削阻力，提高了刀具寿命，为螺纹的精车质量提供了保障。

在 G76 循环指令中，m、r、α用地址符 P 及后面各两位数字指定，每个两位数中的前置 0 不能省略。这些数字的具体含义及指定方法如下。

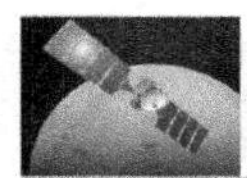

例如：P001560

该例的具体含义为：精加工次数“00”，即 m=0；倒角量“15”，即 r=15×0.1L=1.5L（L 是导程）；螺纹牙型角“60”，即α=60°。

编程实例：

在前置刀架式数控车床上，试用 G76 指令编写如图 4-19 所示外螺纹的加工程序（未考虑各直径的尺寸公差）。

```
O0001;
⋮
T0404;
M03 S400;
G00 X32.0 Z6.0;
G76 P021060 Q50 R0.1;
G76 X27.6 Z-30.0 P1300 Q300 F2.0;
G00 X100.0 Z100.0;
M05;
M30;
```

在前置刀架式数控车床上，试用 G76 指令编写如图 4-20 所示内螺纹的加工程序（未考虑各直径的尺寸公差）。

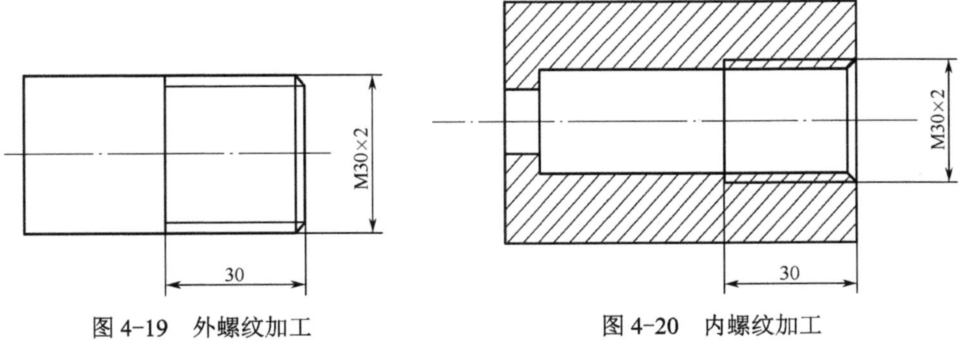

图 4-19　外螺纹加工　　　图 4-20　内螺纹加工

```
O0002;
⋮
T0404;
M03 S400;
G00 X26.0 Z6.0;
G76 P021060 Q50 R-0.08;
G76 X30.0 Z-30.0 P1300 Q300 F2.0;
G00 X100.0 Z100.0;
M05;
M30;
```

4. 使用螺纹复合循环指令 G76 时的注意事项

（1）G76 可以在 MDI 方式下使用。

（2）在执行 G76 循环时，如按下循环暂停键，则刀具在螺纹切削后的程序段暂停。

（3）G76 指令为非模态指令，所以必须每次指定。

（4）在执行 G76 时，如要进行手动操作，则刀具应返回到循环操作停止的位置。如果没有返回到循环停止位置就重新启动循环操作，则手动操作的位移将叠加在该程序段停止时的位置上，刀具轨迹就多移动了一个手动操作的位移量。

4.3 多头螺纹加工

能力目标：

1. 掌握多头螺纹零件的车削加工工艺知识。
2. 熟悉综合件加工工艺分析方法，合理确定加工方案。

知识目标：

1. 巩固 G76 指令的格式和内部参数意义。
2. 掌握 G76 指令的编程方法及编程规则。

4.3.1 工作任务

编制如图 4-21 所示的加工程序。工件材料为 45#钢，毛坯为ϕ50 棒料，要求完成工件右端外圆、退刀槽及双线外螺纹加工。

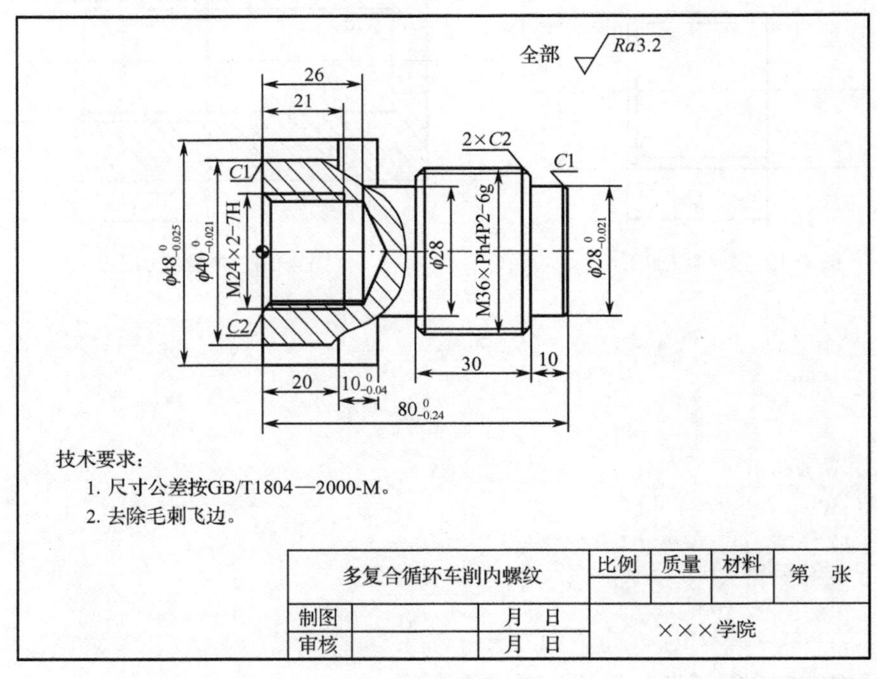

图 4-21 多复合循环车削内螺纹

4.3.2　任务实施

1. 零件图的分析

根据图样中螺纹标注可知，零件右端外螺纹公称直径为 36 mm，导程为 4 mm，双线，右旋，螺纹长度为 30 mm，螺纹中、顶径公差带代号为 6 g。

2. 确定工艺及编程加工路线

用三爪卡盘自定位，一次装夹依次完成外形轮廓，粗、精加工，退刀槽加工，双线螺纹加工，加工步骤如下：

（1）切端面保证总长尺寸 80 mm 的精度要求。

（2）用 G71 循环指令进行外形轮廓粗加工。

（3）用 G70 循环指令进行外形轮廓精加工，保证 $\phi 28$ mm 外圆，螺纹大径尺寸的公差要求。

（4）G75 指令切外沟槽，并加工槽右侧倒角。

（5）G76 循环指令加工双线螺纹。

3. 双线螺纹加工尺寸的相关计算

1）螺纹切削径向尺寸计算

外螺纹的编程大径：$d' \approx d - 0.13P = 36 - 0.13 \times 2 = 35.74(\text{mm})$。

外螺纹的编程小径：$d' = d - 2h' = d - 1.3P = 36 - 2.6 = 33.4(\text{mm})$。

螺纹总切削深：内螺纹加工中，螺纹总切削深的取值与外螺纹加工相同，即 $h \approx 1.3P$（直径量）。

螺纹牙高 $k \approx 0.65P = 0.65 \times 2 = 1.3(\text{mm})$。

2）螺纹加工起点、终点坐标值的确定

（1）螺纹加工起点 X 坐标值的确定。一般情况下应大于螺纹大径，取值 40 mm。

（2）螺纹加工起点 Z 坐标值的确定。螺纹加工起点的 Z 坐标值应在螺纹起点 Z 坐标值的基础上加上螺纹升速段 4 mm。

3）螺纹切削终点坐标值的确定

（1）螺纹切削终点 X 坐标值的确定。螺纹切削终点的 X 坐标值为螺纹的底径，即外螺纹小径。

（2）螺纹切削终点 Z 坐标值的确定。螺纹切削终点的 Z 坐标值导入降速段为 −44 mm。

4）G76 加工参数的确定

精加工重复次数为两次，即 m 值为 02；无退刀槽时，螺纹切削终点处退尾，退尾处 Z 向退刀距离为 1.0L，即 r 值为 10；普通牙型角 60°，即 α 值为 60；圆柱螺纹加工中，多线螺纹的进给量取螺距值，即 L 值为 4。

4. 刀具的选用

数控加工刀具卡片见表 4-6。

表 4-6　数控加工刀具卡片

序号	刀具名称	刀具参数	被加工表面
1	外圆车刀	95°主偏角	粗、精车外圆轮廓
2	外切槽刀	95°主偏角	切外沟槽，槽侧倒角
3	内螺纹车刀	60°刀尖角	车内螺纹

5. 工艺参数的确定

数控加工工序卡片见表 4-7。

表 4-7　数控加工工序卡片

<table>
<tr><td colspan="2" rowspan="2">数控加工工序卡片</td><td colspan="2">产品名称或代号</td><td colspan="2">零件名称</td><td>材料</td><td colspan="2">零件图号</td></tr>
<tr><td colspan="2"></td><td colspan="2">内螺纹轴</td><td>45</td><td colspan="2"></td></tr>
<tr><td colspan="2">（单位）</td><td colspan="2">夹具名称</td><td>夹具编号</td><td>设备名称</td><td>设备型号</td><td colspan="2">车　间</td></tr>
<tr><td>工序号</td><td></td><td colspan="2">三爪卡盘</td><td></td><td>数控车床</td><td></td><td colspan="2"></td></tr>
<tr><td>工步号</td><td>程序号</td><td>工步内容</td><td>刀具号</td><td>刀具规格
（mm）</td><td>主轴转速
（r/min）</td><td>进给速度
（mm/r）</td><td>背吃刀量
（mm）</td><td>备注</td></tr>
<tr><td>1</td><td rowspan="4">O0503</td><td>粗车外圆</td><td>T1</td><td>91°外圆刀</td><td>800</td><td>0.2</td><td>2</td><td></td></tr>
<tr><td>2</td><td>精车外圆</td><td>T1</td><td>91°外圆刀</td><td>1 000</td><td>0.1</td><td>0.25</td><td></td></tr>
<tr><td>3</td><td>螺纹退刀槽</td><td>T2</td><td>槽刀</td><td>600</td><td>0.1</td><td></td><td></td></tr>
<tr><td>4</td><td>车内螺纹</td><td>T3</td><td>螺纹刀</td><td>400</td><td>0.1</td><td></td><td></td></tr>
</table>

6. 编写程序

零 件 程 序	加工过程描述
O0503；	工件右端加工程序
N10 T0101；	
N20 M03 S600 M08；	
N30 G00 X52.0 Z1.0；	粗加工循环起点
N40 G71 U2.0 R0.5；	粗加工
N50 G71 P60 Q110 U0.3 W0 F0.2；	循环参数的设定
N60 G00 X24.0 S1200；	
N70 G01 X28.0 Z-1.0 F0.1；	
N80 Z-10.0；	
N90 X31.74；	
N100 X35.74 Z-12.0；	
N110 Z-49.0；	
N120 G70 P80 Q130；	精加工
N130 G00 X100.0 Z100.0；	
N140 T0202；	

续表

零件程序	加工过程描述
N150 G00 X50.0 Z-43.0 S400；	切槽循环起点
N160 G75 R0.5；	循环切沟槽
N170 G75 X28.0 Z-50.0 P2000 Q2500 F0.1；	
N180 G01 X36.0 Z-41.0 F1.0；	槽侧倒角
N190 X32.0 Z-43.0 F0.1；	
N200 X50.0 F1.0；	
N210 G00 X100.0 Z100.0；	
N220 T0303；	
N230 G00 X40.0 Z-4.0 S600；	第一条螺纹切削循环起点
N240 G76 P021060 Q100 R0.1；	循环加工
N250 G76 X33.4 Z-44.0 P1300 Q400 F4.0	
N260 G00 X40.0 Z-6.0	第二条螺纹切削循环起点
N270 G76 P021060 Q100 R0.1	
N280 G76 X33.4 Z-44.0 P1300 Q400 F4.0	
N290 G00 X100.0 Z100.0	
N300 M30	程序结束

4.3.3 相关知识

1. 单线螺纹和多线螺纹

螺纹按螺旋线的线数可分为单线螺纹和多线螺纹。沿一条螺旋线所形成的螺纹称为单线螺纹。沿两条或两条以上在轴向等距分布的螺旋线所形成的螺纹称为多线螺纹。一般多线螺纹的线数 n 在2～6之间。多线螺纹的各螺旋槽在轴向上是等距离分布的，在圆周上是等角度分布的。

2. 多线螺纹的导程（*L*）

多线螺纹的导程是指在同一条螺纹线上相邻两牙在中径线上对应两点之间的轴向距离。多线螺纹的导程与螺距的关系是：$L=nP$。对于单线螺纹，其导程等于螺距。

3. 多线螺纹的数控车削

相对普通车削多线螺纹而言，数控车削简便得多，不需要进行烦琐的分线操作，只需对加工程序稍加调整，即可加工出满足精度要求的多线螺纹。常用多线螺纹的加工方法如下。

（1）改变螺纹起始角。

这种方法主要用于 G32 螺纹切削指令编程中。

（2）将螺纹加工起点 Z 坐标按螺距偏移。

此加工方法在单一复合循环和多重复合循环指令中均可采用。具体步骤是：第 1 条螺旋加工完成后，将加工程序中起始点 Z 坐标依次向外偏移 1P、2P（P 为螺距）等，然后重新执行加工程序，即可完成第 2、3 等条螺旋线的加工。

4.3.4 拓展指令——单一固定循环指令

单一固定循环可以将一系列连续加工动作，如“切入—切削—退刀—返回”用一个循环指令完成，从而简化程序。

1. 圆柱面或圆锥面切削循环

圆柱面或圆锥面切削循环是一种单一固定循环，圆柱面单一固定切削循环如图4-22所示。

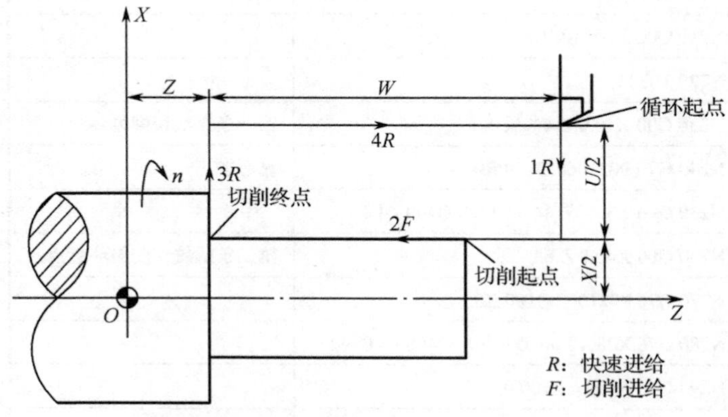

图4-22 圆柱面单一固定切削循环

1）圆柱面切削循环

```
编程格式 G90 X(U)_ Z(W)_ F_;
```

其中，X（U）、Z（W）——切削终点的坐标值；

F——进给速度。

例如：应用圆柱面切削循环功能加工图4-23所示的零件。

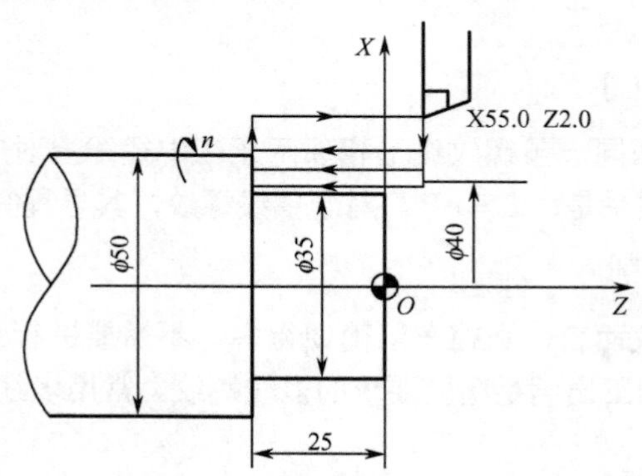

图4-23 圆柱切削循环示例

```
N10 G50 X200 Z200 T0101
N20 M03 S1000
N30 G00 X55 Z4 M08
N40 G01 G96 Z2 F2.5 S150
```

```
N50 G90 X45 Z-25 F0.2
N60 X40
N70 X35
N80 G00 X200 Z200
N90 M30
```

2）圆锥面切削循环

编程格式：G90 X（U）_ Z（W）_R_F_；

其中，X（U）、Z（W）——切削终点的坐标值；

R——圆锥面切削的起点相对于终点的半径差。如果切削起点的 X 向坐标小于终点的 X 向坐标，则 R 值为负，反之为正。有些 FANUC 系统车床上，有时也用“I”来执行。如图 4-24 所示。

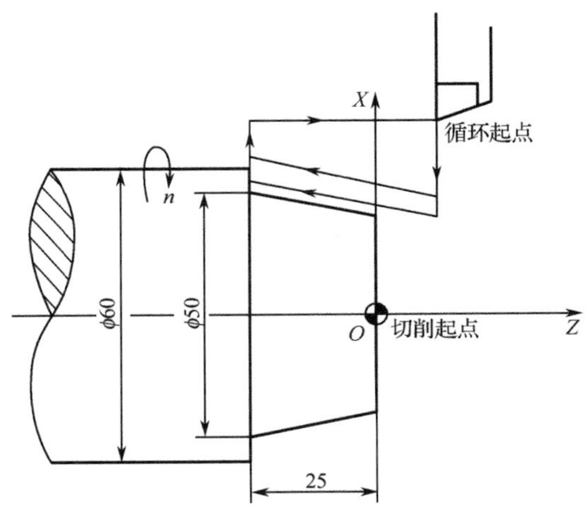

图 4-24　圆锥切削循环

例如：应用圆锥面切削循环功能加工图 4-24 所示的零件。

```
......
G01 X65 Z2
G90 X60 Z-35 R-5 F0.2
X50
G00 X100 Z200
......
```

2. 端面切削循环

端面切削循环是一种单一固定循环。适用于端面切削加工，如图 4-25 所示。

1）平面端面切削循环

编程格式：G94 X（U）_ Z（W）_ F_；

其中，X（U）、Z（W）——切削终点的坐标值。

例如：应用端面切削循环功能加工图 4-25 所示的零件。

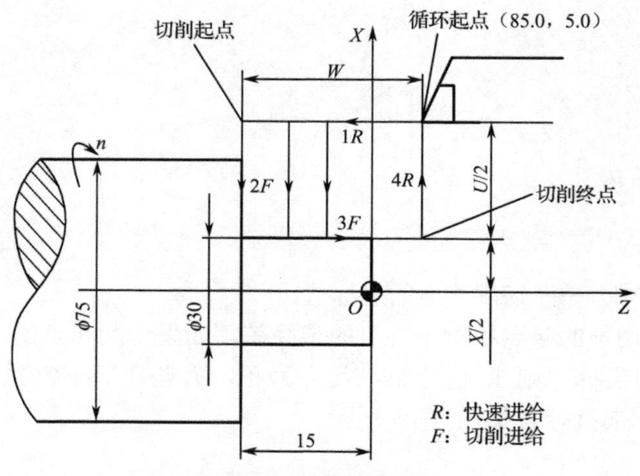

图 4-25　端面切削循环

```
……
G00 X85 Z5
G94 X30 Z-5 F0.2
Z-10
Z-15
……
```

2）锥面端面切削循环（见图 4-26）

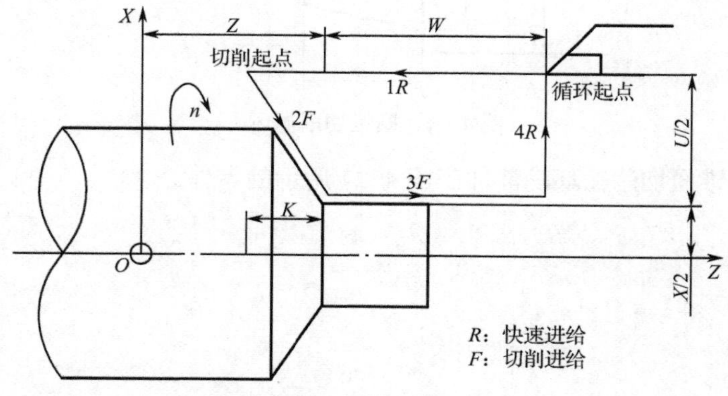

图 4-26　锥面端面切削循环

编程格式：G94 X（U）_Z（W）_R_ F_；

其中，X（U）、Z（W）——切削终点的坐标值；

R——圆锥面切削起点相对于终点的半径差。如果切削起点的 X 向坐标小于终点的 X 向坐标，R 值为负，反之为正。有些 FANUC 系统车床上，有时也用“K”来执行。如图 4-27 所示。

例如：应用端面切削循环功能加工图 4-27 所示的零件。

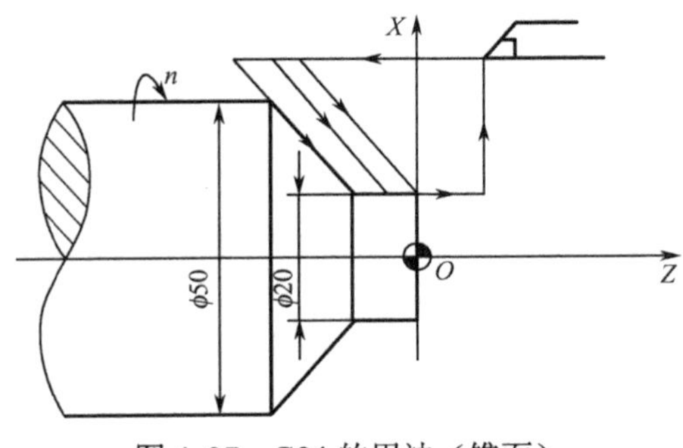

图 4-27　G94 的用法（锥面）

G94 的用法（锥面）：

```
……
G94 X20 Z0 K-5 F0.2
Z-5
Z-10
……
```

思考与练习 4

一、填空题

1．在程序段“G32 X（U）_Z（W）_F_：”中 F 表示（　　）。

A．主轴转速　　B．进给速度　　C．螺纹导成　　D．背吃刀量

2．车螺纹期间使用（　　）进行主轴转速的控制。

A．G96　　B．G97　　C．G98　　D．G99

3．（　　）适用于对圆柱螺纹和圆锥螺纹进行循环切削，每指定一次，螺纹切削自动进行一个循环。

A．G32　　B．G92　　C．G78　　D．G34

4．（　　）适用于多次自动循环车螺纹。

A．G32　　B．G92　　C．G76　　D．G34

5．用 FANUC 系统指令“X（U）_Z（W）_F_：”加工双线螺纹，则该指令中的“F_”是指（　　）。

A．螺纹导程　　B．螺纹螺距　　C．每分钟进给量　　D．螺纹起始角

6．FANUC 系统指令中，可用于变螺距螺纹加工的指令是（　　）。

A．G32　　B．G34　　C．G92　　D．G76

7．在 FANUC 数控车削系统的循环功能中，（　　）为螺纹切削循环。

A．G92　　B．G94　　C．G32　　D．G90

二、判断题

1．G32 指令功能为螺纹切削加工，只能加工圆柱螺纹。（　　）

2．车螺纹时，必须设置升速段和降速段。（　　）

3．车螺纹期间的进给速度倍率、主轴速度倍率有效。（　　）

4．螺纹加工的进给次数和背吃刀量会直接影响螺纹的加工质量。（　　）

5．G92 指令只能加工圆锥螺纹。（　　）

6．G32 指令是 FANUC 系统中用于加工螺纹的单一固定循环指令。（　　）

7．如果在单段方式下执行 G92 循环，则每执行一次必须按 4 次循环启动按钮。（　　）

8．在 FANUC 系统中，G76 指令只能用于圆柱螺纹的加工，不能用于圆锥螺纹的加工。（　　）

三、简答题

1．加工螺纹有哪些要素？

2．试比较 G32、G92、G76 指令加工螺纹的编程特点？

3．试计算 M25 X 2.5 外螺纹的小径值？

4．数控车床子程序如何调用？

5．数控车床加工外圆左螺纹如何确定主轴转向及进刀方向？如何才能保证螺纹精度？

6．切断时应注意哪些方面？

5.1 盘类零件加工

能力目标：

1. 掌握端面粗车循环指令 G72 的指令格式。
2. 正确理解 G72 指令段内部参数的意义，能根据加工要求合理确定各参数值。
3. 掌握 G72 指令的编程方法及编程规则。
4. 掌握较复杂盘类零件的编程加工。

知识目标：

1. 正确理解 G72 与 G71 之间的区别。
2. 掌握 G72 编程特点和注意事项。
3. 重点掌握 G72 编程指令。

5.1.1 工作任务

如图 5-1 所示工件，毛坯为ϕ50 mm×52 mm 的铝棒，试编写其数控车床加工程序并进行加工。

5.1.2 任务实施

1. 制订加工方案及加工路线

本任务采用两次装夹完成。一次装夹用 G71、G70 指令循环完成左端轮廓的粗、精加工。掉头装夹后，用 G72、G70 指令循环完成右端轮廓加工。具体加工步骤如下。

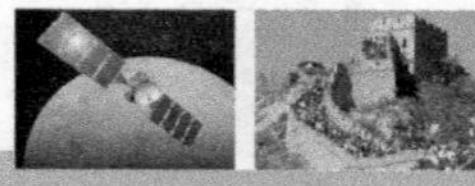

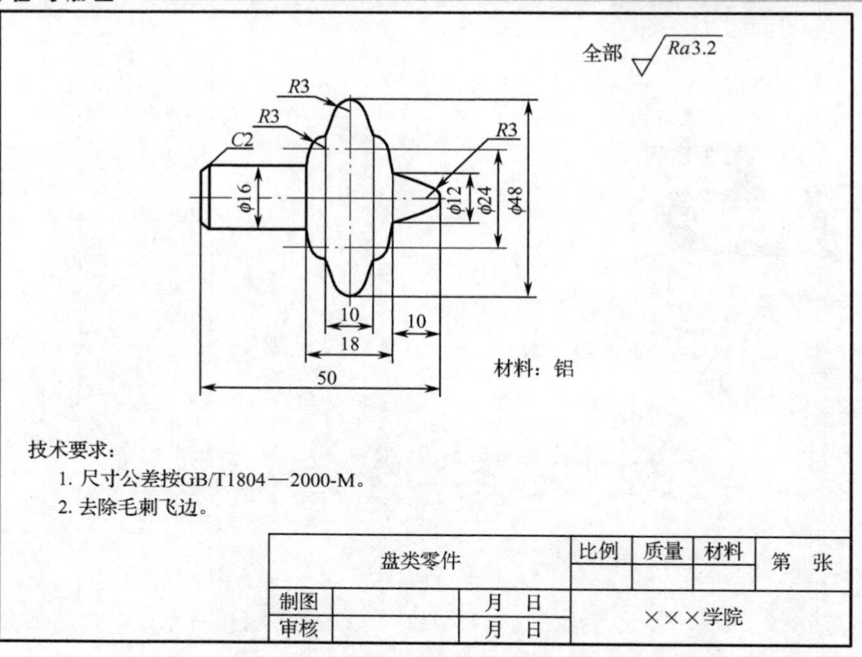

图 5-1　盘类零件

（1）采用手动切削方式粗、精加工工件左端面，在加工过程中进行对刀操作。

（2）采用外圆粗、精车循环指令加工工件左端轮廓，加工时将外圆ϕ48 mm 表面加工至2～35 mm 位置，以防止出现接刀痕迹。

（3）掉头装夹（如用软爪或铜皮包裹装夹更好），对ϕ48 mm 外圆表面进行精确找正。

（4）采用手动切削方式粗、精车加工工件右端面，注意应精确保证工件的总长，在加工过程中进行对刀操作。

（5）采用径向粗、精车循环指令加工工件右端轮廓。

（6）工件去毛刺、倒棱，检测工件各项精度要求。

2. 计算基点坐标

本任务中轮廓较复杂，建议采用 CAD 软件绘图分析得出基点坐标。

以左端点 *O* 为原点的坐标（见表 5-1）：

表 5-1　各点坐标

	M	*N*	*P*	*O*
X 坐标	50	35	35	35
Z 坐标	5	5	0	-20

以右端点 *O* 为原点的坐标（见表 5-2）：

表 5-2　各点坐标

	A	*B*	*C*	*D*	*E*
X 坐标	50	35	35	35	40
Z 坐标	5	5	0	-20	-30

3. 刀具的选用

数控加工刀具卡片见表5-3。

表5-3 数控加工刀具卡片

序号	刀具名称	刀具参数	被加工表面
1	外圆车刀	91°	粗、精车左端外圆轮廓
2	端面车刀	93°	粗、精车右端外圆轮廓

4. 工艺参数的确定

数控加工工序卡片见表5-4。

表5-4 数控加工工序卡片

<table>
<tr><td colspan="3" rowspan="2">数控加工工序卡片</td><td colspan="2">产品名称或代号</td><td colspan="2">零件名称</td><td>材料</td><td colspan="2">零件图号</td></tr>
<tr><td colspan="2"></td><td colspan="2">盘类零件</td><td>45</td><td colspan="2"></td></tr>
<tr><td colspan="3">（单位）</td><td colspan="2">夹具名称</td><td>夹具编号</td><td>设备名称</td><td>设备型号</td><td colspan="2">车　间</td></tr>
<tr><td colspan="2">工序号</td><td></td><td colspan="2">三爪卡盘</td><td></td><td>数控车床</td><td></td><td colspan="2"></td></tr>
<tr><td>工步号</td><td>程序号</td><td>工步内容</td><td>刀具号</td><td>刀具规格（mm）</td><td>主轴转速（r/min）</td><td>进给速度（mm/r）</td><td>背吃刀量（mm）</td><td colspan="2">备注</td></tr>
<tr><td>1</td><td rowspan="2">O0601</td><td>粗车左侧</td><td>T1</td><td></td><td>800</td><td>0.2</td><td>2</td><td colspan="2"></td></tr>
<tr><td>2</td><td>精车左侧</td><td>T1</td><td></td><td>1 500</td><td>0.1</td><td>0.25</td><td colspan="2"></td></tr>
<tr><td>3</td><td rowspan="2">O0602</td><td>粗车右侧</td><td>T1</td><td></td><td>800</td><td>0.2</td><td>2</td><td colspan="2"></td></tr>
<tr><td>4</td><td>精车右侧</td><td>T1</td><td></td><td>1 500</td><td>0.1</td><td>0.25</td><td colspan="2"></td></tr>
</table>

5. 编写程序

零件程序	程序说明
O0601;	加工左端程序
N10 T0101;	加刀补（和对刀方法有关）
N20 G00 X100.0 Z100.0;	起刀点（换刀点）
N30 S800 M03;	
N40 G00 X52. Z2.;	外圆粗加工循环起点
N50 G71 U2. R0.5;	粗加工工件左端轮廓
N60 G71 P70 Q160 U0.5 W0 F0.2;	
N70 G00 X12. S1500;	精加工开始不能含有 *Z* 移动
N80 G01 Z0 F0.1;	
N90 X16. Z-2.;	
N100 Z-22.;	
N110 X25.35 Z-23.08;	
N120 G03 X30. Z-26. R3.;	

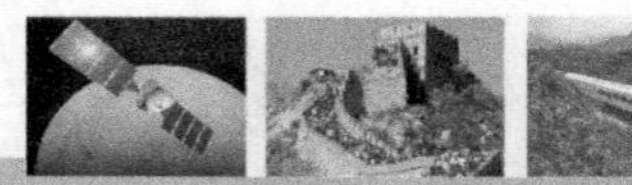

续表

零件程序	程序说明
N130 X43.78 Z-28.13;	
N140 G03 X48. Z-31. R3.;	
N150 G01 Z-35.;	
N160 X50.;	精加工结束
N170 G70 P70 Q160;	精加工左端轮廓
N180 G00 X100. Z100.;	
N190 M05;	
N200 M30;	程序结束
O0602;	加工右端程序
N10 T0202;	换端面车刀
N20 G00 X100. Z100.;	
N30 S800 M03;	
N40 G00 X52. Z2.;	粗加工循环起点
N50 G72 W2. R0.3;	径向粗车循环粗加工右端轮廓
N60 G72 P70 Q150 U0.5 W0.3 F0.2;	
N70 G00 Z-19. S1500;	精加工开始
N80 G01 X48. F0.1;	
N90 G02 X43.78 Z-16.13;	
N100 G01 X30. Z-14.;	
N110 G02 X24.95 Z-11.04 R3.;	
N120 G01 X12. Z-10.;	
N130 X5.58 Z-1.90;	
N140 G02 X0 Z0 R3.;	
N150 G01 Z2.;	精加工结束
N160 G70 P70 Q150;	
N170 G00 X100.Z100.;	
N180 M05;	
N190 M30;	程序结束

5.1.3 相关知识

1. G72——端面粗加工复合循环指令

指令格式：G72 W(Δd)R(e)；

G72 P(ns)Q(nf)U(Δu)W(Δw)F(f)；

其中，Δd ——*Z* 向背吃刀量，不带符号，且为模态值，其他符号意义与 G71 指令中的参数相同（如图 5-2 所示）。

F——进给速度。

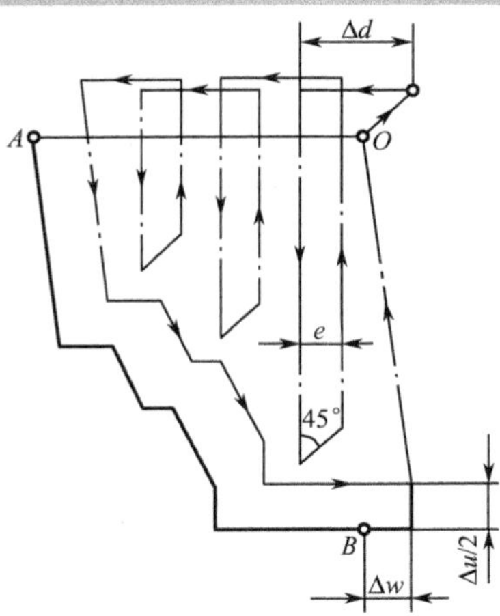

图 5-2　G72 端面循环参数

说明：G72 编程路线中精加工路线与 G71 外形加工相反（见图 5-3），与习惯编程思维有区别，编程切削路线自左向右，自大到小。G72 循环起点尽量靠近毛坯，对外轮廓宜取在毛坯右下角点，*X* 向略大于毛坯直径，相距端面 1～2 mm，对内轮廓 *X* 向略小于底孔直径。

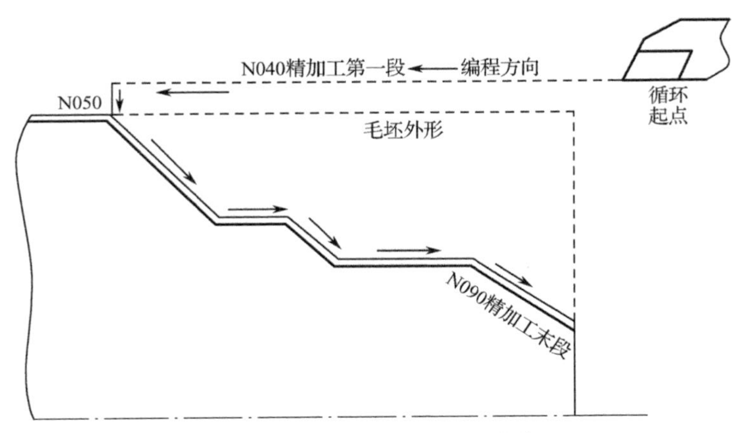

图 5-3　G72 端面循环编程路线

例如：G72 W2.0 R0.5；

G72 P050 Q090 U0.1 W0.3 F0.15；

G72 循环的加工轨迹如图 5-4 所示。CNC 装置首先根据用户编写的精加工轮廓，在预留出 *X* 和 *Z* 向精加工余量 Δu 和 Δw 后，计算出粗加工实际轮廓的各个坐标值。刀具按层切法将余量去除（刀具向 *Z* 向进刀 Δd ，切削端面后按 *e* 值 45° 退刀，循环切削直至粗加工余量被切除为止），此时工件斜面和圆弧部分形成台阶状表面，而后按精加工轮廓光整表面，最终在工件 *X* 向留有 Δu 大小的余量、*Z* 向留有 Δw 大小的余量。

指令说明：G72 循环所加工的轮廓形状必须采用单调递增或单调递减的形式。对于 G72 指令中的“ns”程序段，同样应特别注意其书写格式，如下所示：

N100 G01Z-30.0；（正确的“ns”程序段）

N100 G01X30.0Z-30.0（错误的“ns”程序段，程序段中出现了 *X* 坐标值）

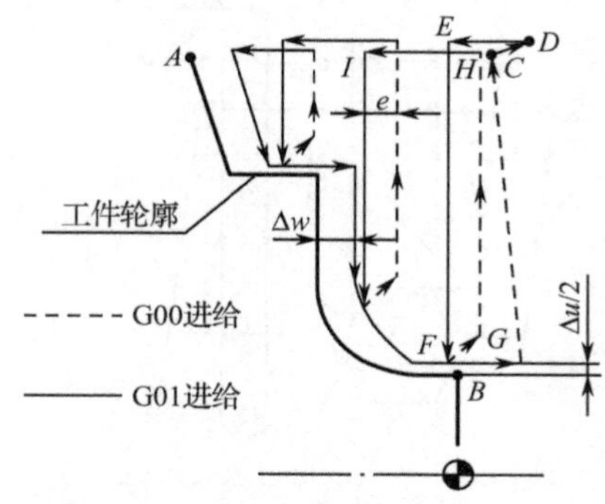

图 5-4　平端面粗车循环轨迹图

注意：在 FANUC 系统中的 G72 循环指令中，顺序号“ns”所指程序段必须沿 *Z* 向进刀，且不能出现 *X* 坐标值，否则会出现程序报警。

2. S 功能

S 功能指令用于控制主轴转速。

编程格式： `S～`

S 后面的数字表示主轴转速，单位为 r/min。在具有恒线速功能的车床上，S 功能指令还有如下作用。

1）最高转速限制

编程格式： `G50 S～`

S 后面的数字表示最高转速，单位为 r/min。
例如：G50 S3000 表示最高转速限制为 3 000 r/min。

2）恒线速控制

编程格式： `G96 S～`

S 后面的数字表示恒定的线速度，单位是 m/min。

3）恒线速控制取消

编程格式： `G97 S～`

S 后面的数字表示恒线速控制取消后的主轴转速，如 S 未指定，则将保留 G96 的最终值。

例如：G97 S3000 表示恒线速控制取消后主轴转速为 3 000 r/min。

5.1.4　拓展指令——倒角、倒圆编程

1. 45° 倒角

由轴向切削向端面切削倒角，即由 *Z* 轴向 *X* 轴倒角，*i* 的正、负取决于倒角是向 *X* 轴正

向还是负向，如图 5-5（a）所示。

指令格式：G01 Z（W）_ I±i；

由端面切削向轴向切削倒角，即由 X 轴向 Z 轴倒角，k 的正、负根据倒角是向 Z 轴正向还是负向，如图 5-5（b）所示。

编程格式：G01 X（U）_K±k；

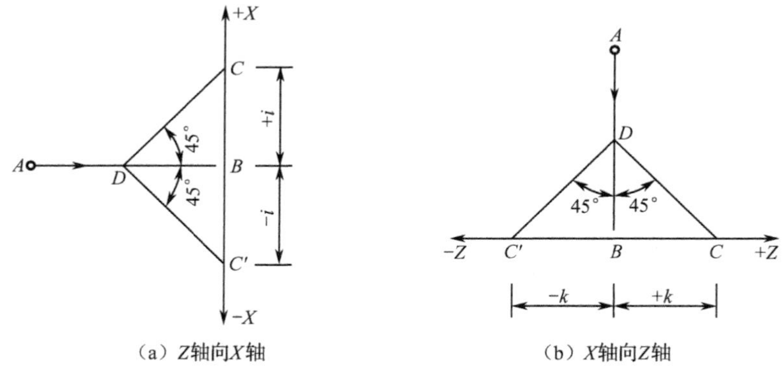

图 5-5　倒角

2. 任意角度倒角

在直线进给程序段尾部加上 C_可自动插入任意角度的倒角，如图 5-6 所示。

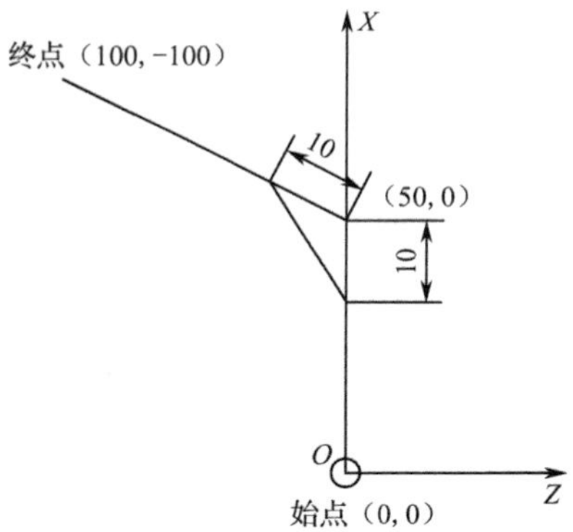

图 5-6　任意角度倒角

例如：G01 X50 C10；

X100 Z-100；

3. 倒圆角

编程格式：G01 Z（W）～ R±r 时，圆弧倒角情况如图 5-7（a）所示。
编程格式：G01 X（U）～ R±r 时，圆弧倒角情况如图 5-7（b）所示。

4. 任意角度倒圆角

若程序为

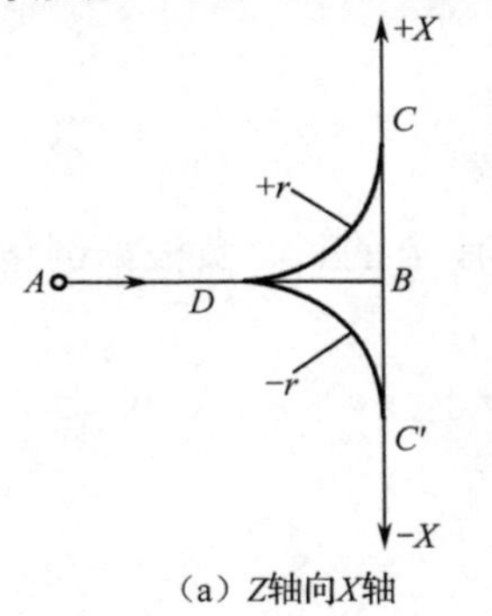

（a）Z轴向X轴

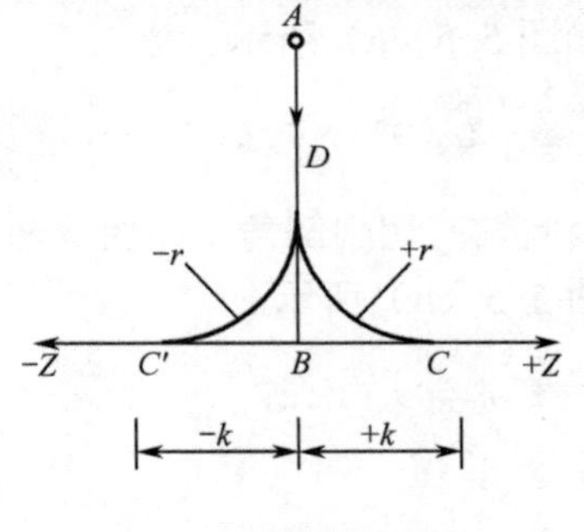

（b）X轴向Z轴

图 5-7　倒圆角

```
G01 X50 R10 F0.2;
X100 Z-100;
```

则加工情况如图 5-8 所示。

例如：加工图 5-9 所示零件的轮廓，程序如下：

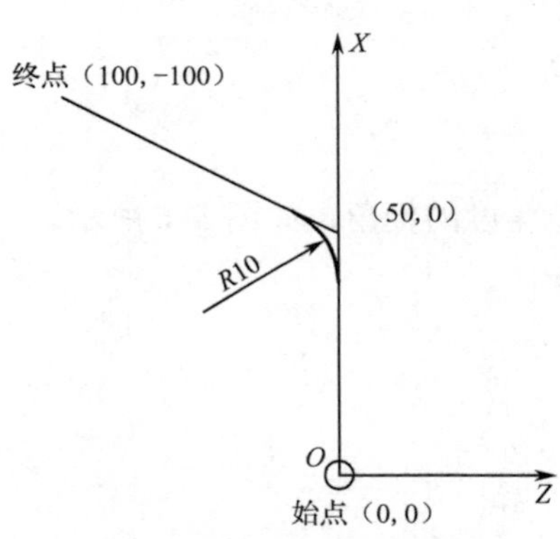

图 5-8　任意角度倒圆角

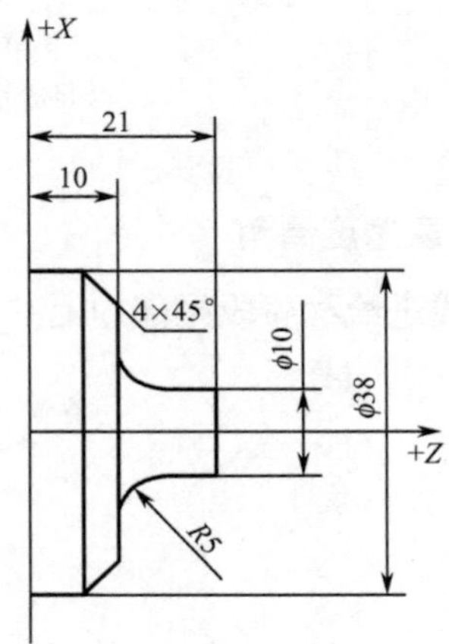

图 5-9　应用例图

```
G00 X10 Z22;
G01 Z10 R5 F0.2;
X38 K-4;
Z0;
```

思考与练习 5

一、简答题

1．盘类零件一般采用什么装夹方法？为什么？

2．G72 与 G71 编程的不同之处有哪些？

3．G72 指令的含义是什么？格式特点有哪些？

4．简述 G74 与 G75 的区别和含义。

6.1 椭圆零件的加工

能力目标：

1. 能运用宏程序编制含二次曲线（椭圆、抛物线等）的零件程序。
2. 能正确地将宏程序录入车床，并加工出合格零件。

知识目标：

1. 了解宏程序的基本知识和功能。
2. 了解A类与B类宏程序的特点。
3. 了解B类宏程序的指令格式。

6.1.1 工作任务

编制如图6-1所示椭圆零件的程序并加工，零件材料为45#钢，毛坯为ϕ45棒料。

6.1.2 任务实施

1. 加工路线的确定

图6-1中零件右端为方程曲线，数控系统一般无此类插补方法，故采用直线段或圆弧段来逼近非圆曲线，如图6-2所示。逼近线段与被加工曲线的交点称为节点，如图6-2所示的*A*至*F*点。节点的数目越多，则逼近精度越高。此任务中椭圆部分可用直线逼近的方法来进行加工，如图6-3所示。

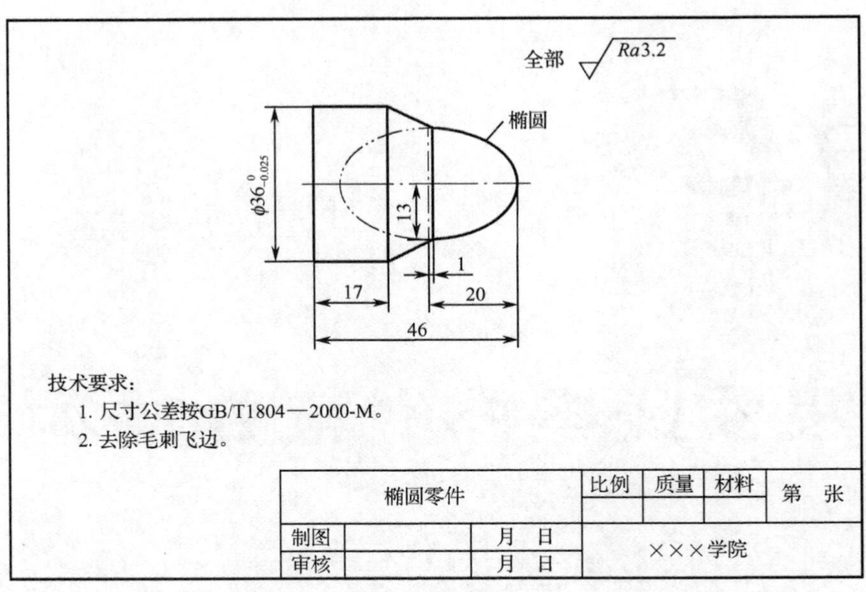

图 6-1　椭圆零件

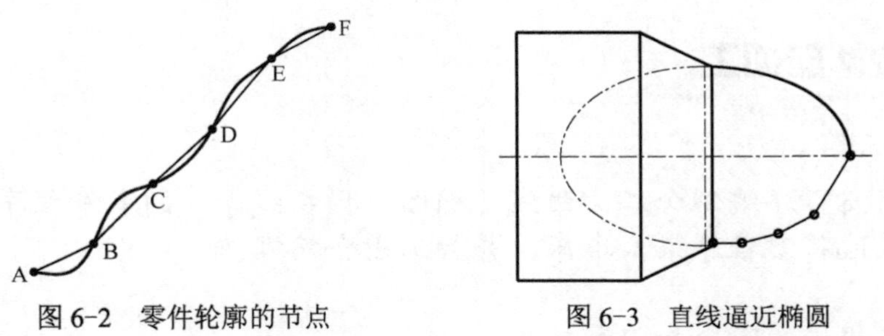

图 6-2　零件轮廓的节点　　图 6-3　直线逼近椭圆

2. 刀具的选用

数控加工刀具卡片见表 6-1。

表 6-1　数控加工刀具卡片

序号	刀 具 名 称	刀 具 参 数	被加工表面
1	91° 外圆车刀	刀尖角 60°	外圆
2	切断刀	刀宽 4 mm	切断工件

3. 填写工序卡片

数控加工工序卡片见表 6-2。

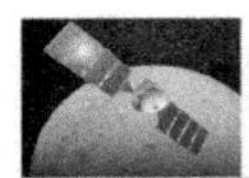

表6-2　数控加工工序卡片

<table>
<tr><td colspan="4" rowspan="2">数控加工工序卡片</td><td colspan="2">产品名称或代号</td><td colspan="2">零件名称</td><td>材料</td><td colspan="2">零件图号</td></tr>
<tr><td colspan="2"></td><td colspan="2">椭圆零件</td><td>45</td><td colspan="2"></td></tr>
<tr><td colspan="4">（单位）</td><td colspan="2">夹具名称</td><td>夹具编号</td><td>设备名称</td><td>设备型号</td><td colspan="2">车　间</td></tr>
<tr><td colspan="2">工序号</td><td colspan="2"></td><td colspan="2">三爪卡盘</td><td></td><td>数控车床</td><td></td><td colspan="2"></td></tr>
<tr><td>工步号</td><td colspan="2">程序号</td><td colspan="2">工步内容</td><td>刀具号</td><td>刀具规格
（mm）</td><td>主轴转速
（r/min）</td><td>进给速度
（mm/r）</td><td>背吃刀量
（mm）</td><td>备注</td></tr>
<tr><td>1</td><td colspan="2" rowspan="5">O0701</td><td colspan="2">粗车外圆
（不包括椭圆）</td><td>T01</td><td></td><td>800</td><td>0.3</td><td>2</td><td></td></tr>
<tr><td>2</td><td colspan="2">精车外圆
（不包括椭圆）</td><td>T01</td><td></td><td>1 500</td><td>0.1</td><td>0.25</td><td></td></tr>
<tr><td>3</td><td colspan="2">粗车椭圆</td><td>T01</td><td></td><td>800</td><td>0.3</td><td>2</td><td></td></tr>
<tr><td>4</td><td colspan="2">精车椭圆</td><td>T01</td><td></td><td>1 500</td><td>0.1</td><td>0.5</td><td></td></tr>
<tr><td>5</td><td colspan="2">切断</td><td>T02</td><td></td><td>800</td><td>0.1</td><td></td><td></td></tr>
</table>

4. 编写程序

零 件 程 序	加工过程描述
O0701；	程序名
N5 G54；	选择 1 号坐标系
N10 G00 X51. Z2.；	快进至外径粗车循环起刀点
N15 T0101 M03 S800；	选择 1 号刀，主轴正转，转速为 800 r/min
N20 G71 U2. R1.；	外径粗车循环，背吃刀量 2 mm，退刀量 1 mm
N25 G71 P30 Q50 U0.5 W0.1 F0.3	
N30 G00 X25.966；	
N35 G01 Z-19；	
N40 X35.988 Z-29；	
N45 Z-47；	
N50 X50；	N30～N50 外径轮廓程序
N55 S1500 F0.1	主轴转速为 1 500 r/min，进给速度为 0.1 mm/r
N60 G70 P30 Q50；	精加工
N65 G00 X27. Z2.；	
N70 #150=26 S800 F0.3；	设置最大切削余量 26 mm
N75 IF[#150 LT 1] GOTO 95；	毛坯余量小于 1，则跳转到 N95 程序段
N80 M98 P 9701；	调用椭圆子程序
N85 #150=#150-2；	每次背吃刀量 2 mm
N90 GOTO75；	跳转至 N75 程序段
N95 G00 X30. Z2.；	退刀
N100 S1500 F0.1；	主轴转速为 1 500 r/min，进给速度为 0.1 mm/r

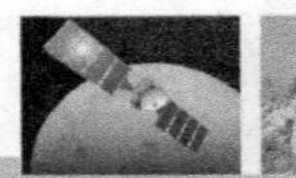

续表

零 件 程 序	加工过程描述
N105 #150=0；	设置毛坯余量为 0
N110 M98 P9701；	调用椭圆子程序
N115 G00 X100. Z50.；	退刀
N120 T0202；	换 2 号刀
N125 S800；	主轴转速
N130 G00 X40. Z-50.；	定位
N135 G01 X-0.5 F0.1；	切断
N140 X40；	
N145 G00 X100. Z50.；	退刀
N120 M30；	程序结束
O9701；	子程序名
N5 #101=20；	椭圆长轴
N10 #102=13；	椭圆短轴
N15 #103=20；	Z 轴起始尺寸
N20 IF[#103 LT 1] GOTO 50；	判断是否到达 Z 轴终点，是则跳到 N50 程序段
N25 #104=SQRT[#101*#101-#103*#103]；	
N30 #105=#102*#104/#101；	X 轴变量
N35 G01 X[2*#105+#105] Z[#103-20]；	以直代曲
N40 #103=#103-0.5；	Z 轴步距，每次 0.5 mm
N45 GOTO 20；	跳转到 N20 程序段
N50 G00 U2. Z2.；	退刀
N55 M99；	子程序结束

6.1.3 相关知识

宏程序是含有变量的程序。它允许使用变量、运算及条件功能，使程序的顺序结构更合理。宏程序编制多用于零件形状有一定规律的情况下。用户使用宏指令编制的含有变量的子程序叫做用户宏程序。使用中，通常把能完成某一功能的一系列指令像子程序一样存入存储器，然后用一个总指令代表它们，使用时只需给出这个总指令就能执行其功能。

用户宏功能主体是一系列指令，相当于子程序体，既可以由车床生产厂提供，也可以由车床用户自己编制。用户宏功能的最大特点是可以对变量进行运算，使程序应用更灵活、方便。

用户宏功能有 A、B 两类，A 类宏功能使用“G65Hm”格式的宏指令来表示各种数学运算和逻辑关系，极不直观，且可读性差，因而导致在实际工作中很少有人使用它，多数用户可能根本不知道它的存在。这里只介绍 B 类宏功能的使用方法。

1. 变量

在常规的主程序和子程序内总是将一个具体的数值赋给一个地址。为了使程序更具有通用性、更加灵活，在宏程序中设置了变量，即将变量赋给一个地址。

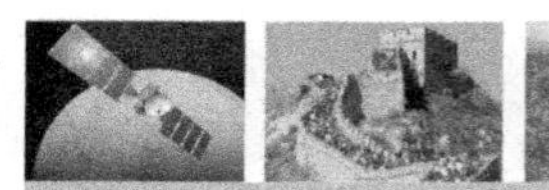

1）变量的表示

变量可以用“#”号和跟随其后的变量序号来表示：# i（i=1，2，3，…），如#5、#109、#501 等。

2）变量的类型

根据变量号，变量可以分成 4 种类型，见表 6-3。

表 6-3　变量类型

<table>
<tr><th colspan="2">变　量　名</th><th>类　　型</th><th>功　　能</th></tr>
<tr><td colspan="2"># 0</td><td>空变量</td><td>该变量总是空，没有值能赋给该变量</td></tr>
<tr><td rowspan="2">用户变量</td><td># 1~# 33</td><td>局部变量</td><td>只能用在宏程序中存储数据，如运算结果。当断电时局部变量被初始化为空。调用宏程序时，自变量对局部变量赋值</td></tr>
<tr><td>#100~#199
#500~#999</td><td>公共变量</td><td>在不同宏程序中的意义相同。当断电时，变量#100~#199 初始化为空。变量#500~#999 的数据保存，即使断电也不丢失</td></tr>
<tr><td colspan="2"># 1000~</td><td>系统变量</td><td>用于读和写 CNC 运行时各种数据的变化，如刀具的当前位置和补偿值</td></tr>
</table>

3）变量的分配类型

这类变量中的文字变量与数字序号变量之间有表 6-4 所示的关系。

表 6-4　文字变量与数字序号变量之间的关系

A　#1	E　#8	J　#5	R　#18	V　#22	Z　#26
B　#2	F　#9	K　#6	S　#19	W　#23	
C　#3	H　#11	M　#13	T　#20	X　#24	
D　#7	I　#4	Q　#17	U　#21	Y　#25	

表 6-4 中，文字变量为除 G、L、N、O、P 以外的英文字母，一般可不按字母顺序排列，但 I、J、K 例外；#1～#26 为数字序号变量。

例如：G65　P1000　A1.0　B2.0　I3.0

上述程序段为宏程序的简单调用格式，其含义为：调用宏程序号为 1000 的宏程序运行一次，并为宏程序中的变量赋值，其中，#1 为 1.0，#2 为 2.0，#3 为 3.0。

2. 算术和逻辑运算指令

（1）算数运算符有+、−、*、/。

（2）条件运算符有 EQ（=）、NE（≠）、GT（>）、LT（<）、GE（≥）、LE（≤）。

（3）函数运算符有 SIN []（正弦）、COS [ ]（余弦）、TANN [ ]（正切）、ATANN [ ]（反正切）、SQRT [ ]（开方）、ABS [ ]（绝对值）。

（4）逻辑运算符有 AND（与）、OR（或）、XOR（异或）。

（5）运算的组合。

以上算术运算和函数运算可以结合在一起使用，运算的先后顺序是函数运算、乘除运算、加减运算。

（6）括号的应用。

表达式中括号的运算将优先进行。连同函数中使用的括号在内，括号在表达式中最多可用5层。

（7）赋值语句。

格式：宏变量=常数或表达式

例如：#1=175/SQRT[2]*cos[55]

3. 控制指令

1）条件转移

格式：IF　[条件表达式]　GOTO　N

说明：

（1）如果条件表达式的条件得以满足，则转而执行程序中程序号为 N 的相应操作，程序段号N可以由变量或表达式替代。

（2）如果表达式中的条件未满足，则顺序执行下一段程序。

（3）如果程序做无条件转移，则条件部分可以省略。

2）重复执行

格式：WHILE　[条件表达式] DO m（m=1，2，3）

```
…
END m
```

说明：

（1）当条件表达式满足时，程序段 DO m 至 END m 即重复执行。

（2）当条件表达式不满足时，程序转到 END m 之后执行。

（3）如果 WHILE　[条件表达式]部分被省略，则程序段 DO m 至 END m 之间的部分将一直重复执行。

注意：

（1）WHILE　DO m 和 END m 必须成对使用。

（2）DO 语句允许有3层嵌套，即

```
DO  1
DO  2
DO  3
END  3
END  2
END  1
```

（3）DO 语句范围不允许交叉，即如下语句是错误的：

```
DO  1
DO  2
END  1
END  2
```

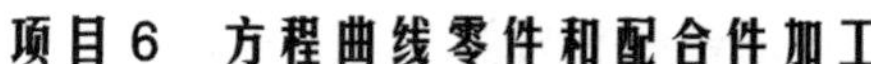

以上仅介绍了 B 类宏程序应用的基本情况，有关应用的详细说明请查阅 FANUC 0i 系统说明书。

6.2　配合零件加工

能力目标：

1. 会制订综合类零件的加工工艺路线。
2. 会选择道具和切削用量。

知识目标：

1. 理解数控加工工艺知识。
2. 熟悉工件的定位、装夹方法。

6.2.1　工作任务

加工如图 6-4 所示的零件，零件材料为 45#钢，件 1 毛坯为：ϕ50×97，件 2 毛坯为 ϕ50×46。单件生产。

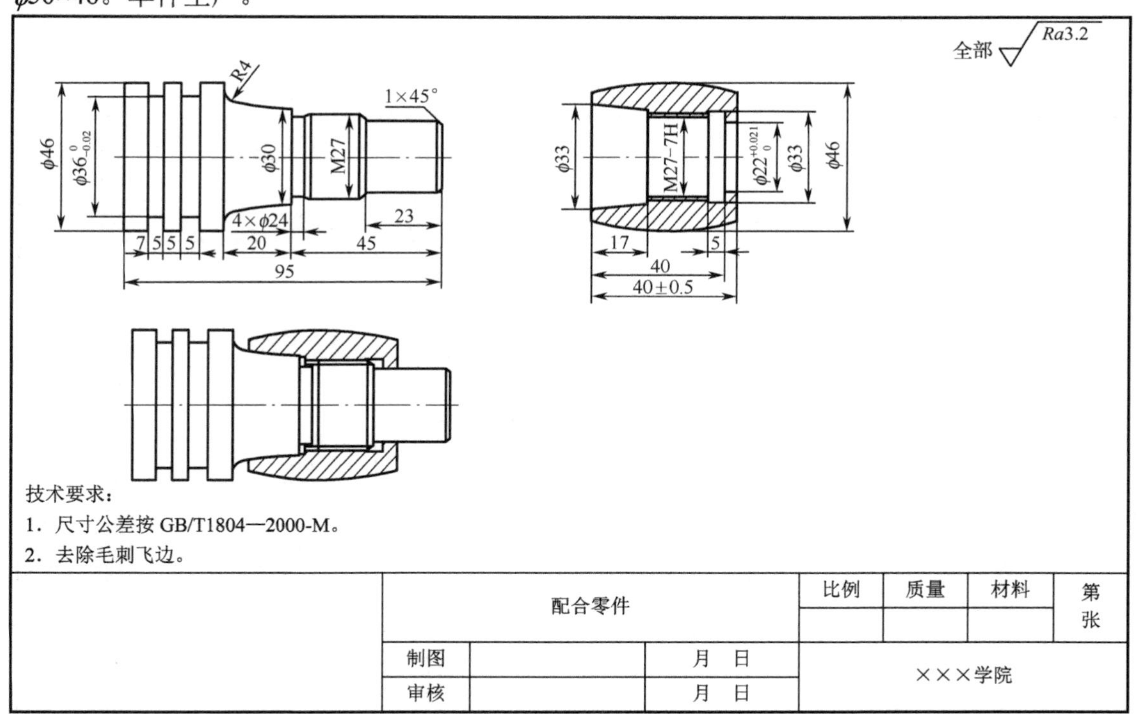

图 6-4　配合件

6.2.2　任务实施

1．零件加工分析

此组零件为两件配合，件 1 通过两头加工，即可完成。件 2 内孔可直接运用 G71 指令完成，而外圆 SR80 需装配在件 1 上再进行加工。

2. 刀具的选用

数控加工刀具卡片见表 6-5。

表 6-5 数控加工刀具卡片

序号	刀 具 名 称	刀 具 参 数	被加工表面
1	91° 外圆车刀	刀尖角 60°	件 1、件 2 外圆
2	外螺纹刀	刀尖角 60°	件 1 外螺纹
3	外切槽刀	4 mm	件 2 各槽
4	麻花钻	ϕ20 mm	钻孔
5	内孔刀	ϕ20 mm	件 2 内孔
6	内螺纹刀	刀尖角 60°	件 2 内螺纹
7	内切槽刀	5 mm	件 2 槽

3. 工艺参数的确定

数控加工工序卡片见表 6-6。

表 6-6 数控加工工序卡片

数控加工工序卡片	产品名称或代号	零件名称		材料	零件图号
		配合件 1		45	
（单位）	夹具名称	夹具编号	设备名称	设备型号	车　间
工序号	三爪卡盘		数控车床		

工步号	程序号	工步内容	刀具号	刀具规格（mm）	主轴转速（r/min）	进给速度（mm/r）	背吃刀量（mm）	备注
1	0801	粗车件 1 左端	T1		800	0.3	2	
2		精车件 1 左端	T1		1 200	0.1	0.3	
3		车左端两槽	T3		800	0.1		
4	0802	粗车件 1 右端	T1		800	0.3	2	
5		精车件 1 右端	T1		1 200	0.1	0.3	
6		车件 1 右端槽	T3		800	0.1		
7		车件 1 外螺纹	T2		700	1.5		
8		件 2 钻孔			450			手动
9	0803	粗车件 2 内孔	T4	ϕ20 mm	600	0.2	1	
10		精车件 2 内孔	T4	ϕ20 mm	800	0.1	0.3	
11		车件 2 内槽	T6	ϕ20 mm	600	0.1		
12		车件 2 内螺纹	T5	ϕ20 mm	600	1.5		
13	0804	粗车件 2 外圆	T1		800	0.3	2	
14		精车件 2 外圆	T1		1 200	0.1	0.3	

4. 编写程序

零 件 程 序	加工过程描述
O0801	程序名
T0101 M03 S800;	换 1 号刀 主轴转速为 800 r/min
G00 X46.5 Z3.;	定位，粗车件 1 左端外圆
G01 Z-35. F0.2;	
G00 X100. Z50.;	
S1200 F0.1;	定位，精车件 1 左端外圆
G00 X51. Z2.;	
G01 X44. Z0;	
X46. Z-1;	
Z-35.;	
G00 X100. Z50.;	换刀点
T0303 S800 F0.1;	换刀，主轴转速为 800 r/min，进给量为 0.1 mm/r
G00 X50. Z-22.;	切各槽
G01 X38.2;	
G00 X50;	
Z-21.;	
G01 X38.;	
Z-22.;	
G00 X50.;	
Z-12.;	
G01 X38.2;	
G00 X50.;	
Z-11.;	
G01 X38.;	
Z-12.;	
G00 X100.;	
Z50.;	
M05;	
M30	程序结束
O0802	程序名
T0101 M03 S800;	
G00 X51. X2.;	
G71 U2 R1.;	粗加工
G71 P30 Q80 U0.3 W0.1 F0.2;	
N30 G01 X20.;	
Z0;	
X21.992 Z-1.;	
Z-23.;	

续表

零 件 程 序	加工过程描述
X23.;	
X26.8 Z-24.5;	
Z-45.;	
X30.;	
X33.28 Z-61.398;	
G02 X41.24 Z-65. R4.;	
N80 G01 X50;	
S1200 F0.1;	
G70 P30 Q80;	精加工
G00 X100.Z100.;	
T0303 S800 F0.1;	换刀
G00 Z-45.;	
X32.;	
G01 X24.;	
X27.;	
Z-43.5;	
G01 X24. Z-45.;	
G00 X150.;	
Z10.;	
T0202 S700	
G00 X29. Z-18.;	定位
G92 X26.2 Z-43. F1.5;	切螺纹第一刀
X25.6;	切螺纹第二刀
X25.2;	切螺纹第三刀
X25.05;	切螺纹第四刀
G00 X100. Z100.;	
M05;	
M30;	程序结束
O0803	程序名
T0404 S600 M03;	换刀主轴正转
G00 X19.5 Z5.;	定位切削起始点
G71 U1. R0.25;	内孔粗加工
G71 P30 Q70 U-0.6 W0.1 F0.2;	
G01 X33.;	
Z0.	
X29.6 Z-17.;	
X28.5;	
X25.5 Z-18.5;	
Z-40.;	

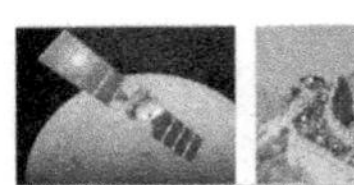

续表

零 件 程 序	加工过程描述
X22.01；	
X-45.；	
N70 X20.；	
S800 F0.1；	
G70 P30 Q70；	内孔精加工
G00 X100. Z100.；	
T0606 S600 F0.1；	换槽刀
G00 X21.；	
Z-40.；	
G01 X28.；	
X25.；	
Z-37.5；	
X28.；	
X25.；	
G00 Z100.；	
X100.	
T0505 S600；	换螺纹刀
G0 X24. Z5.；	
G76 P10160 Q80 R0.1；	
G76 X27.05 Z-35.5 R0 P930 Q350 F1.5；	
G00 Z100.	
X100.	
M05；	
M30	程序停
00804	程序名
T0101 S800 F0.1；	换 1 号刀，主轴转速为 800 r/min，进给量为 0.1 mm/r
G00 X46.6 Z5.；	
G01 Z0 F0.2；	
G02 Z-44. R80.；	粗加工外形
G01 X55；	
Z5.	
X46；	
S1200 F0.1；	
G02 Z-44. R80.；	精加工外形
G01 X55.；	
G00 X100.Z100.；	
M30；	程序停

思考与练习6

一、选择题

1．在运算指令中，形式为#i=#j+#k 代表的意义是（　　）。

A．导数　B．求极限　C．求和　D．求反余切

2．在运算指令中，形式为#i=#jOR#k 代表的意义是（　　）。

A．逻辑对数　B．逻辑或　C．逻辑平均值　D．逻辑立方根

3．下列指令中，属于宏程序模态调用的指令是（　　）。

A．G65　B．G66　C．G68　D．G69

4．下列一组公差代号中哪一个可与基准孔ϕ42H7 形成间隙配合（　　）。

A．ϕ42g6　B．ϕ42n6　C．ϕ42m6　D．ϕ42s6

5．车床 *X* 方向回零后，刀具不能再向（　　）方向移动，否则易超程。

A．*X*+　B．*X*−　C．*X*+或 *X*−　D．*Z*+

6．孔的形状精度主要有（　　）和（　　）。

A．垂直度　B．圆度　C．平行度

D．同轴度　E．圆柱度

7．用百分表检验工件径向跳动时，百分表在工件旋转一周时的（　　）即为工件的误差径向跳动。

A．读数差的 2 倍

B．读数差的 1/2

C．读数差

8．车削工件端面时，刀尖高度应（　　）工件中心。

A．高于　B．低于

C．等高于　D．前三种方式都可以

9．零件的加工精度应包括（　　）几部分内容。

A．尺寸精度、几何形状精度和相互位置精度

B．尺寸精度

C．尺寸精度、形状精度和表面粗糙度

D．几何形状精度和相互位置精度

10．安装零件时，应尽可能使定位基准与（　　）基准重合。

A．测量　B．设计　C．装配　D．工艺

11．精基准用（　　）作为定位基准面。

A．未加工表面　B．复杂表面

C．切削量小的表面　D．加工后的表面

12．尺寸链按功能分为设计尺寸链和（　　）。

A．封闭尺寸链　B．装配尺寸链

C．零件尺寸链　D．工艺尺寸链

13. 测量与回馈装置的作用是为了（　　）。

A. 提高车床的安全性　　B. 提高车床的使用寿命

C. 提高车床的定位精度、加工精度　　D. 提高车床的灵活性

二、判断题

1. FANUC 0i 用户宏指令既可以进行变量的初等函数运算，又可以进行变量的逻辑判断。（　　）

2. “#10=#20”表示 10 号变量与 20 号变量大小相等。（　　）

3. 用户宏程序最大的特点是使用变量。（　　）

4. 表达式“30.0+20.0=#100；”是一个正确的变量赋值表达式。（　　）

5. 宏程序指令“WHILE[条件式]DOm”中的“m”表示循环执行 WHILE 与 END 之间程序段的次数。（　　）

6. 零件轮廓是数控加工的最终轨迹。（　　）

7. 进给量主要根据零件的加工精度和表面粗糙度要求来决定。（　　）

8. 主轴转速应根据允许的切削速度和工件（或刀具）直径来确定。（　　）

9. 偏心轴类零件和阶梯轴类工件的装夹方法完全相同。（　　）

10. 用内径百分表测量内孔时，必须转动内径百分表，所得最大尺寸是孔的实际尺寸。（　　）

11. 为防止工件变形，夹紧部位尽可能与支撑件靠近。（　　）

12. 编制程序时一般以机床坐标系零点作为坐标原点。（　　）

13. 工件材料的强度和硬度较高时，为保证刀刃强度，应采取较小的前角。（　　）

14. 车脆性材料时，一定要在车刀前刀面磨出切削槽。（　　）

15. 零件图未注出公差的尺寸，可以认为是没有公差要求的尺寸。（　　）

三、简答题

1. 简述节点与基点的区别。

2. 为什么要进行刀具几何补偿与磨损补偿？

3. 车刀刀尖半径补偿的原因是什么？

4. 选择切削用量的一般原则是什么？

5. 在确定定位基准与夹紧方案时，应注意哪些问题？

附录A FANUC系统功能指令

表 A-1 FANUC 数控系统常用的准备功能 G 代码及其功能

指令代码	用于数控车床的功能	组别	模态	指令代码	用于数控车床的功能	组别	模态
G00	快速定位	01	*	G54	第一工件坐标系设置	14	*
G01	直线插补	01	*	G55	第二工件坐标系设置	14	*
G02	顺时针圆弧插补	01	*	G56	第三工件坐标系设置	14	*
G03	逆时针圆弧插补	01	*	G57	第四工件坐标系设置	14	*
G04	进给暂停	00		G58	第五工件坐标系设置	14	*
G17	*XY* 平面选择	16	*	G59	第六工件坐标系设置	14	*
G18	*ZX* 平面选择	16	*	G70	精加工循环	00	
G19	*YZ* 平面选择	16	*	G71	外径、内径粗车循环	00	
G20	英制输入	06	*	G72	端面粗加工循环	00	
G21	公制输入	06	*	G73	固定形状粗车循环	00	
G27	检查参考点返回	00		G74	*Z* 向步进钻孔	00	
G28	自动返回原点	00		G75	*X* 向切槽	00	
G29	从参考点返回	00		G76	螺纹车削多次循环	00	
G32	切螺纹	01	*	G80	取消固定循环	10	*
G40	刀尖半径补偿方式的取消	07	*	G83	端面钻孔循环	10	*
G41	调用刀尖半径左补偿	07	*	G84	端面攻丝循环	10	*
G42	调用刀尖半径右补偿	07	*	G86	端面镗孔循环	10	*
G50	工件坐标原点设置，最大主轴速度设置	00		G90	单一固定循环	01	*
G52	局部坐标系设置	00		G92	螺纹切削循环	01	*
G53	机床坐标系设置	00		G94	端面切削循环	01	*

表 A-2 FANUC 数控系统常用的 M 代码

指令代码	用于数控车床的功能	用于数控铣床的功能	模态
M00	程序停止	相同	
M01	程序选择停止	相同	
M02	程序结束	相同	
M03	主轴顺时针旋转	相同	*
M04	主轴逆时针旋转	相同	*
M05	主轴停止	相同	*
M07	气状切削液打开	相同	
M08	液状切削液打开	相同	*
M09	切削液关闭	相同	*

续表

指令代码	用于数控车床的功能	用于数控铣床的功能	模态
M30	程序结束并返回	相同	
M98	子程序调用	相同	*
M99	子程序调用停止返回	相同	*

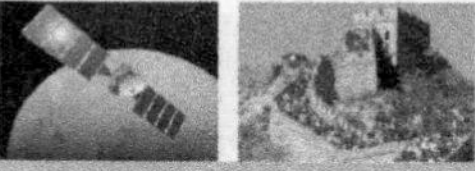

附录B 切削用量表

表B-1 硬质合金外圆车刀常用切削速度参考值 （m/min）

工件材料	热处理状态	a_p=0.3～2 mm f=0.08～0.3 mm/r	a_p=2～6 mm f=0.3～0.6 mm/r	a_p=6～10 mm f=0.6～1 mm/r
低碳钢 易切钢	热轧	140～180	100～120	70～90
中碳钢	热轧	130～160	90～110	60～80
	调质	100～130	70～90	50～70
合金结构钢	热轧	100～130	70～90	50～70
	调质	80～110	50～70	40～60
工具钢	退火	90～120	60～80	50～70
灰铸铁	HBS<190	90～120	60～80	50～70
	HBS=190～250	80～110	50～70	40～60
高锰钢 WMn13%			10～20	
铜及铜合金		200～250	120～180	90～120
铝及铝合金		300～600	200～400	150～200
铸铝合金 Wsi13%		100～180	80～150	60～100

注：切削钢及灰铸铁时刀具耐用度约为 60 min。

表B-2 按表面粗糙度选择进给量的参考值

工件材料	表面粗糙度 Ra（μm）	切削速度范围（m/min）	刀尖圆弧半径（mm） 0.5	1.0	2.0
			进给量 f（mm/r）		
铸铁、青铜、铝合金	6.3	不限	0.25～0.40	0.40～0.50	0.50～0.60
	3.2		0.15～0.25	0.25～0.40	0.40～0.60
	1.6		0.10～0.15	0.15～0.20	0.20～0.35
碳钢、合金钢	6.3	<50	0.30～0.50	0.45～0.60	0.55～0.70
		>50	0.40～0.55	0.55～0.65	0.65～0.70
	3.2	<50	0.18～0.25	0.25～0.30	0.3～0.40
		>50	0.25～0.30	0.30～0.35	0.35～0.50
	1.6	<50	0.10	0.11～0.15	0.15～0.22
		50～100	0.11～0.16	0.16～0.25	0.25～0.35
		>100	0.16～0.20	0.20～0.25	0.25～0

表 B-3　硬质合金车刀粗车外圆及端面的进给量

加 工 材 料	车刀刀柄尺寸 $B×H$ (mm×mm)	工件直径 (mm)	切削深度 a_p (mm)				
			≤3	>3～5	>5～8	>8～12	12 以上
			进给量 f (mm/r)				
碳素结构钢、合金结构钢、耐热钢	16×25	20	0.3～0.4	—	—	—	—
		40	0.4～0.5	0.3～0.4	—	—	—
		60	0.5～0.7	0.4～0.6	0.3～0.5	—	—
		100	0.6～0.9	0.5～0.7	0.5～0.6	0.4～0.5	—
		400	0.8～1.2	0.7～1.0	0.6～0.8	0.5～0.6	—
碳素结构钢、合金结构钢、耐热钢	20×30 25×25	20	—	—	—	—	—
		40	0.3～0.4	0.3～0.4	—	—	—
		60	0.6～0.7	0.5～0.7	0.4～0.6	—	—
		100	0.8～1.0	0.7～0.9	0.5～0.7	0.4～0.7	—
		600	1.2～1.4	1.0～1.2	0.8～1.0	0.6～0.9	0.4～0.6
	25×40	60	0.6～0.9	0.5～0.8	0.4～0.7	—	—
		100	0.8～1.2	0.7～1.1	0.6～0.9	0.5～0.8	—
		1 000	1.2～1.5	1.1～1.5	0.9～1.2	0.8～1.0	0.7～0.8
	30×45	500	1.1～1.4	1.1～1.4	1.0～1.2	0.8～1.2	0.7～1.1
	40×60	2 500	1.3～2.0	1.3～1.8	1.2～1.6	1.1～1.5	1.0～1.5
铸铁、铜合金	16×25	40	0.4～0.5	—	—	—	—
		60	0.6～0.8	0.5～0.8	0.4～0.6	—	—
		100	0.8～1.2	0.7～1.0	0.6～0.8	0.5～0.7	—
		400	1.0～1.4	1.0～1.2	0.8～1.0	0.6～0.8	—
	20×30 25×25	40	0.4～0.5	—	—	—	—
		60	0.6～0.9	0.5～0.8	0.4～0.7	—	—
		100	0.9～1.3	0.8～1.2	0.7～1.0	0.5～0.8	—
		600	1.2～1.8	1.2～1.6	1.0～1.3	0.9～1.1	0.7～0.9
	25×40	60	0.6～0.8	0.5～0.8	0.4～0.7	—	—
		100	1.0～1.4	0.9～1.2	0.8～1.0	0.6～0.9	—
		1 000	1.5～2.0	1.2～1.8	1.0～1.4	1.0～1.2	0.8～1.0
	30×45	500	1.4～1.8	1.2～1.6	1.0～1.4	1.0～1.3	0.9～1.2
	40×60	2 500	1.6～2.4	1.6～2.0	1.4～1.8	1.3～1.7	1.2～1.7

注：① 加工断续表面及进行有冲击的加工时，表内的进给量应乘以系数 k=0.75～0.85。

② 加工耐热钢及其合金时，不采用大于 1.0 mm/r 的进给量。

③ 加工淬硬钢时，表内进给量应乘以系数 k=0.8（当材料硬度为 44～56HRC 时）或 k=0.5（当材料硬度为 57～62HRC 时）。

④ 可转位刀片的最大允许进给量不应超过其刀尖圆弧半径数值的 80%。

附录C　数控车工国家职业标准

1. 职业概况

1.1 职业名称

数控车工。

1.2 职业定义

从事编制数控加工程序并操作数控车床进行零件车削加工的人员。

1.3 职业等级

本职业共设四个等级，分别为中级（国家职业资格四级）、高级（国家职业资格三级）、技师（国家职业资格二级）、高级技师（国家职业资格一级）。

1.4 职业环境

室内、常温。

1.5 职业能力特征

具有较强的计算能力和空间感，形体知觉及色觉正常，手指、手臂灵活，动作协调。

1.6 基本文化程度

高中毕业（或同等学历）。

1.7 培训要求

1.7.1 培训期限

全日制职业学校教育，根据其培养目标和教学计划确定。晋级培训期限：中级不少于400标准学时；高级不少于300标准学时；技师不少于200标准学时；高级技师不少于200标准学时。

1.7.2 培训教师

培训中、高级人员的教师应取得本职业技师及以上职业资格证书或相关专业中级及以上专业技术职称任职资格；培训技师的教师应取得本职业高级技师职业资格证书或相关专业高级专业技术职称任职资格；培训高级技师的教师应取得本职业高级技师职业资格证书2年以上或取得相关专业高级专业技术职称任职资格2年以上。

1.7.3 培训场地设备

满足教学要求的标准教室，计算机机房及配套软件，数控车床及必要的刀具、夹具、量具和辅助设备等。

1.8 鉴定要求

1.8.1 适用对象

从事或准备从事本职业的人员。

1.8.2 申报条件

——中级：（具备以下条件之一者）

（1）经本职业中级正规培训达规定标准学时数，并取得结业证书。

（2）连续从事本职业工作5年以上。

（3）取得经劳动保障行政部门审核认定的，以中级技能为培养目标的中等以上职业学校本职业（或相关专业）毕业证书。

(4) 取得相关职业中级《职业资格证书》后，连续从事本职业2年以上。

——高级：(具备以下条件之一者)

(1) 取得本职业中级职业资格证书后，连续从事本职业工作 2 年以上，经本职业高级正规培训，达到规定标准学时数，并取得结业证书。

(2) 取得本职业中级职业资格证书后，连续从事本职业工作4年以上。

(3) 取得劳动保障行政部门审核认定的，以高级技能为培养目标的职业学校本职业(或相关专业) 毕业证书。

(4) 大专以上本专业或相关专业毕业生，经本职业高级正规培训，达到规定标准学时数，并取得结业证书。

——技师：(具备以下条件之一者)

(1) 取得本职业高级职业资格证书后，连续从事本职业工作 4 年以上，经本职业技师正规培训达到规定标准学时数，并取得结业证书。

(2) 取得本职业高级职业资格证书的职业学校本职业(专业) 毕业生，连续从事本职业工作2年以上，经本职业技师正规培训达到规定标准学时数，并取得结业证书。

(3) 取得本职业高级职业资格证书的本科(含本科) 以上本专业或相关专业的毕业生，连续从事本职业工作 2 年以上，经本职业技师正规培训达到规定标准学时数，并取得结业证书。

——高级技师：

取得本职业技师职业资格证书后，连续从事本职业工作 4 年以上，经本职业高级技师正规培训达到规定标准学时数，并取得结业证书。

1.8.3 鉴定方式

鉴定方式分为理论知识考试和技能操作考核。理论知识考试采用闭卷方式，技能操作(含软件应用) 考核采用现场实际操作和计算机软件操作方式。理论知识考试和技能操作(含软件应用) 考核均实行百分制，成绩皆达 60 分及以上者为合格。技师和高级技师还需进行综合评审。

1.8.4 考评人员与考生配比

理论知识考试考评人员与考生配比为 1∶15，每个标准教室不少于 2 名相应级别的考评员；技能操作(含软件应用) 考核考评员与考生配比为 1∶2，且不少于 3 名相应级别的考评员；综合评审委员不少于5名。

1.8.5 鉴定时间

理论知识考试为 120 分钟，技能操作考核中实操时间为：中级、高级不少于 240 分钟，技师和高级技师不少于 300 分钟。技能操作考核中软件应用考试时间不超过 120 分钟，技师和高级技师的综合评审时间不少于45分钟。

1.8.6 鉴定场所设备

理论知识考试在标准教室中进行，软件应用考试在计算机机房进行，技能操作考核在配备必要的数控车床及必要刀具、夹具、量具和辅助设备的场所进行。

2．基本要求

2.1 职业道德

2.1.1 职业道德基本知识

2.1.2 职业守则

（1）遵守国家法律、法规和有关规定。

（2）具有高度的责任心、爱岗敬业、团结合作。

（3）严格执行相关标准、工作程序与规范、工艺文件和安全操作规程。

（4）学习新知识新技能、勇于开拓和创新。

（5）爱护设备、系统及工具、夹具、量具。

（6）着装整洁，符合规定；保持工作环境清洁有序，文明生产。

2.2 基础知识

2.2.1 基础理论知识

（1）机械制图。

（2）工程材料及金属热处理知识。

（3）机电控制知识。

（4）计算机基础知识。

（5）专业英语基础。

2.2.2 机械加工基础知识

（1）机械原理。

（2）常用设备知识（分类、用途、基本结构及维护保养方法）。

（3）常用金属切削刀具知识。

（4）典型零件加工工艺。

（5）设备润滑和冷却液的使用方法。

（6）工具、夹具、量具的使用与维护知识。

（7）普通车床、钳工的基本操作知识。

2.2.3 安全文明生产与环境保护知识

（1）安全操作与劳动保护知识。

（2）文明生产知识。

（3）环境保护知识。

2.2.4 质量管理知识

（1）企业的质量方针。

（2）岗位的质量要求。

（3）岗位质量保证措施与责任。

2.2.5 相关法律、法规知识

（1）劳动法的相关知识。

（2）环境保护法的相关知识。

（3）知识产权保护法的相关知识。

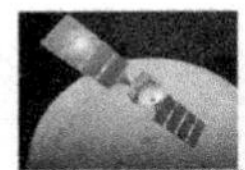

3. 工作要求

本标准对中级、高级、技师和高级技师的技能要求依次递进，高级别涵盖低级别的要求。

3.1 中级

职业技能	工作内容	技能要求	相关知识
一、加工准备	（一）读图与绘图	1. 能读懂中等复杂程度（如曲轴）的零件图 2. 能绘制简单的轴、盘类零件图 3. 能读懂进给机构、主轴系统的装配图	1. 复杂零件的表达方法 2. 简单零件图的画法 3. 零件三视图、局部视图和剖视图的画法 4. 装配图的画法
	（二）制订加工工艺	1. 能读懂复杂零件的数控车床加工工艺文件 2. 能编制简单（轴、盘）零件的数控加工工艺文件	数控车床加工工艺文件的制定
	（三）零件定位与装夹	能使用通用卡具（如三爪卡盘、四爪卡盘）进行零件装夹与定位	1. 数控车床常用夹具的使用方法 2. 零件定位、装夹的原理和方法
	（四）刀具准备	1. 能够根据数控加工工艺文件选择、安装和调整数控车床的常用刀具 2. 能够刃磨常用车削刀具	1. 金属切削与刀具磨损知识 2. 数控车床常用刀具的种类、结构和特点 3. 数控车床、零件材料、加工精度和工作效率对刀具的要求
二、数控编程	（一）手工编程	1. 能编制由直线、圆弧组成的二维轮廓数控加工程序 2. 能编制螺纹加工程序 3. 能够运用固定循环、子程序进行零件加工程序的编制	1. 数控编程知识 2. 直线插补和圆弧插补的原理 3. 坐标点的计算方法
	（二）计算机辅助编程	1. 能够使用计算机绘图设计软件绘制简单（轴、盘、套）零件图 2. 能够利用计算机绘图软件计算节点	计算机绘图软件（二维）的使用方法
三、数控车床操作	（一）操作面板	1. 能够按照操作规程启动及停止机床 2. 能使用操作面板上的常用功能键（如回零、手动、MDI、修调等）	1. 熟悉数控车床操作说明书 2. 数控车床操作面板的使用方法
	（二）程序输入与编辑	1. 能够通过各种途径（如 DNC、网络等）输入加工程序 2. 能够通过操作面板编辑加工程序	1. 数控加工程序的输入方法 2. 数控加工程序的编辑方法 3. 网络知识
	（三）对刀	1. 能进行对刀并确定相关坐标系 2. 能设置刀具参数	1. 对刀方法 2. 坐标系的知识 3. 刀具偏置补偿、半径补偿与刀具参数的输入方法
	（四）程序调试与运行	能够对程序进行校验、单步执行、空运行，并完成零件试切	程序调试的方法

续表

职业技能	工作内容	技能要求	相关知识
四、零件加工	（一）轮廓加工	1．能进行轴、套类零件加工，并达到以下要求： （1）尺寸公差等级：IT6。 （2）形位公差等级：IT8。 （3）表面粗糙度：*Ra*1.6 μm。 2．能进行盘类、支架类零件加工，并达到以下要求。 （1）轴径公差等级：IT6。 （2）孔径公差等级：IT7。 （3）形位公差等级：IT8。 （4）表面粗糙度：*Ra*1.6 μm	1．内、外径的车削加工方法，测量方法。 2．形位公差的测量方法。 3．表面粗糙度的测量方法
	（二）螺纹加工	1．能进行单线等节距普通三角螺纹、锥螺纹的加工，并达到以下要求。 （1）尺寸公差等级：IT6～IT7 级。 （2）形位公差等级：IT8。 （3）表面粗糙度：*Ra*1.6 μm	1．常用螺纹的车削加工方法。 2．螺纹加工中的参数计算
	（三）槽类加工	能进行内径槽、外径槽和端面槽的加工，并达到以下要求。 （1）尺寸公差等级：IT8。 （2）形位公差等级：IT8。 （3）表面粗糙度：*Ra*3.2 μm	内、外径槽和端面槽的加工方法
	（四）孔加工	能进行孔加工，并达到以下要求。 （1）尺寸公差等级：IT7。 （2）形位公差等级：IT8。 （3）表面粗糙度：*Ra*3.2 μm	孔的加工方法
	（五）零件精度检验	能进行零件的长度，内、外径，螺纹，角度精度检验	1．通用量具的使用方法。 2．零件精度检验及测量方法
五、数控车床的维护与精度检验	（一）数控车床的日常维护	能根据说明书完成数控车床的定期及不定期维护保养，包括机械、电、气、液压、数控系统的检查和日常保养等	1．数控车床说明书。 2．数控车床的日常保养方法。 3．数控车床的操作规程。 4．数控系统（进口与国产数控系统）使用说明书
	（二）数控车床的故障诊断	1．能读懂数控系统的报警信息。 2．能发现数控车床的一般故障	1．数控系统的报警信息。 2．数控车床的故障诊断方法
	（三）车床精度检查	能够检查数控车床的常规几何精度	数控车床常规几何精度的检查方法

3.2 高级

职业技能	工作内容	技能要求	相关知识
一、加工准备	（一）读图与绘图	1．能够读懂中等复杂程度（如刀架）的装配图。 2．能够根据装配图拆画零件图。 3．能够测绘零件	1．根据装配图拆画零件图的方法。 2．零件的测绘方法
	（二）制订加工工艺	能编制复杂零件的数控车床加工工艺文件	复杂零件数控加工工艺文件的制订
	（三）零件定位与装夹	1．能选择和使用数控车床组合夹具和专用夹具。 2．能分析并计算车床夹具的定位误差。 3．能够设计与自制装夹辅具（如心轴、轴套、定位件等）	1．数控车床组合夹具和专用夹具的使用、调整方法。 2．专用夹具的使用方法。 3．夹具定位误差的分析与计算方法
	（四）刀具准备	1．能够选择各种刀具及刀具附件。 2．能够根据难加工材料的特点，选择刀具的材料、结构和几何参数。 3．能够刃磨特殊车削刀具	1．专用刀具的种类、用途、特点和刃磨方法。 2．切削难加工材料时的刀具材料和几何参数的确定方法
二、数控编程	（一）手工编程	能运用变量编程编制含有公式曲线的零件数控加工程序	1．固定循环和子程序的编程方法。 2．变量编程的规则和方法
	（二）计算机辅助编程	能用计算机绘图软件绘制装配图	计算机绘图软件的使用方法
	（三）数控加工仿真	能利用数控加工仿真软件实施加工过程仿真及加工代码检查、干涉检查、工时估算	数控加工仿真软件的使用方法
三、零件加工	（一）轮廓加工	能进行细长、薄壁零件的加工，并达到以下要求。 （1）轴径公差等级：IT6。 （2）孔径公差等级：IT7。 （3）形位公差等级：IT8。 （4）表面粗糙度：*Ra*1.6 μm	细长、薄壁零件加工的特点及装卡、车削方法
	（二）螺纹加工	1．能进行单线和多线等节距的T形螺纹、锥螺纹加工，并达到以下要求。 （1）尺寸公差等级：IT6。 （2）形位公差等级：IT8。 （3）表面粗糙度：*Ra*1.6 μm。 2．能进行变节距螺纹的加工，并达到以下要求。 （1）尺寸公差等级：IT6。 （2）形位公差等级：IT7。 （3）表面粗糙度：*Ra*1.6 μm	1．T形螺纹、锥螺纹加工中的参数计算。 2．变节距螺纹的车削加工方法

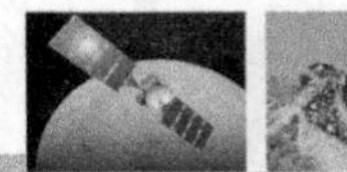

续表

职业技能	工作内容	技能要求	相关知识
	（三）孔加工	能进行深孔加工，并达到以下要求。 （1）尺寸公差等级：IT6。 （2）形位公差等级：IT8。 （3）表面粗糙度：Ra1.6 μm	深孔的加工方法
	（四）配合件加工	能按装配图上的技术要求对套件进行零件加工和组装，配合公差达到IT7级	套件的加工方法
	（五）零件精度检验	1. 能在加工过程中使用百（千）分表等进行在线测量，并进行加工技术参数的调整。 2. 能进行多线螺纹的检验。 3. 能进行加工误差分析	1. 百（千）分表的使用方法。 2. 多线螺纹的精度检验方法。 3. 误差分析的方法
四、数控车床的维护与精度检验	（一）数控车床日常维护	1. 能判断数控车床的一般机械故障。 2. 能完成数控车床的定期维护保养	1. 数控车床机械故障和排除方法。 2. 数控车床液压原理和常用液压元件
	（二）机床精度检验	1. 能进行机床几何精度检验。 2. 能进行机床切削精度检验	1. 机床几何精度检验内容及方法。 2. 机床切削精度检验内容及方法

3.3 技师

职业技能	工作内容	技能要求	相关知识
一、加工准备	（一）读图与绘图	1. 能绘制工装装配图。 2. 能读懂常用数控车床的机械结构图及装配图	1. 工装装配图的画法。 2. 常用数控车床的机械原理图及装配图的画法
	（二）制订加工工艺	1. 能编制高难度、高精密、特殊材料零件的数控加工多工种工艺文件。 2. 能对零件的数控加工工艺进行合理性分析，并提出改进建议。 3. 能推广应用新知识、新技术、新工艺、新材料	1. 零件的多工种工艺分析方法。 2. 数控加工工艺方案合理性的分析方法及改进措施。 3. 特殊材料的加工方法。 4. 新知识、新技术、新工艺、新材料
	（三）零件的定位与装夹	能设计与制作零件的专用夹具	专用夹具的设计与制造方法
	（四）刀具准备	1. 能依据切削条件和刀具条件估算刀具的使用寿命。 2. 根据刀具寿命计算并设置相关参数。 3. 能推广应用新刀具	1. 切削刀具的选用原则。 2. 延长刀具寿命的方法。 3. 刀具新材料、新技术。 4. 刀具使用寿命的参数设定方法
二、数控编程	（一）手工编程	能编制车削中心、车铣中心的三轴及三轴以上（含旋转轴）的加工程序	编制车削中心、车铣中心加工程序的方法
	（二）计算机辅助编程	1. 能用计算机辅助设计/制造软件进行车削零件的造型和生成加工轨迹。 2. 能根据不同的数控系统进行后置处理并生成加工代码	1. 三维造型和编辑。 2. 计算机辅助设计/制造软件（三维）的使用方法

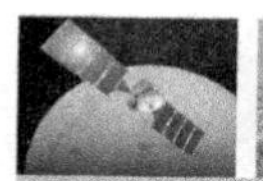  

续表

职业技能	工作内容	技能要求	相关知识
	（三）数控加工仿真	能够利用数控加工仿真软件分析和优化数控加工工艺	数控加工仿真软件的使用方法
三、零件加工	（一）轮廓加工	1．能编制数控加工程序车削多拐曲轴达到以下要求。 （1）直径公差等级：IT6。 （2）表面粗糙度：*Ra*1.6 μm。 2．能编制数控加工程序对适合在车削中心加工的带有车削、铣削等工序的复杂零件进行加工	1．多拐曲轴车削加工的基本知识。 2．车削加工中心加工复杂零件的车削方法
	（二）配合件加工	能进行两件（含两件）以上具有多尺寸链配合的零件加工与配合	多尺寸链配合的零件加工方法
	（三）零件精度检验	能根据测量结果对加工误差进行分析并提出改进措施	精密零件的精度检验方法。 检具设计知识
四、数控车床的维护与精度检验	（一）数控车床维护	1．能够分析和排除液压和机械故障。 2．能借助字典阅读数控设备的主要外文信息	1．数控车床常见故障诊断及排除方法。 2．数控车床专业外文知识
	（二）车床精度检验	能够进行车床定位精度、重复定位精度的检验	车床定位精度检验、重复定位精度检验的内容及方法
五、培训与管理	（一）操作指导	能指导本职业中级、高级人员进行实际操作	操作指导书的编制方法
	（二）理论培训	1．能对本职业中级、高级和技师人员进行理论培训。 2．能系统地讲授各种切削刀具的特点和使用方法	1．培训教材的编写方法。 2．切削刀具的特点和使用方法
	（三）质量管理	能在本职工作中认真贯彻各项质量标准	相关质量标准
	（四）生产管理	能协助部门领导进行生产计划、调度及人员的管理	生产管理基本知识
	（五）技术改造与创新	能进行加工工艺、夹具、刀具的改进	数控加工工艺综合知识

3.4 高级技师

职业技能	工作内容	技能要求	相关知识
一、工艺分析于设计	（一）读图与绘图	1．能绘制复杂工装装配图。 2．能读懂常用数控车床的电气、液压原理图	1．复杂工装设计方法。 2．常用数控车床电气、液压原理图的画法
	（二）制定加工工艺	1．能对高难度、高精密零件的数控加工工艺方案进行优化并实施。 2．能编制多轴车削中心的数控加工工艺文件。 3．能对零件加工工艺提出改进建议	1．复杂、精密零件加工工艺的系统知识。 2．车削中心、车铣中心加工工艺文件的编制方法

续表

职业技能	工作内容	技能要求	相关知识
	（三）零件定位与装夹	能对现有数控车床夹具进行误差分析并提出改进建议	误差分析方法
	（四）刀具准备	能根据零件要求设计刀具，并提出制造方法	刀具的设计与制造知识
二、零件加工	（一）异形零件加工	能解决高难度（如十字座类、连杆类、叉架类等异形零件）零件车削加工的技术问题，并制订工艺	高难度零件的加工方法
	（二）零件精度检验	能够制订高难度零件加工过程中的精度检验方案	在机械加工全过程中影响质量的因素及提高质量的措施
三、数控车床维护与精度检验	（一）数控车床维护	1．能借助字典看懂数控设备的主要外文技术资料。 2．能够针对车床运行现状合理调整数控系统相关参数。 3．能根据数控系统报警信息判断数控车床故障	1．数控车床专业外文知识。 2．数控系统报警信息
	（二）车床精度检验	能够进行车床定位精度、重复定位精度的检验	车床定位精度和重复定位精度的检验方法
	（三）数控设备网络化	能够借助网络设备和软件系统实现数控设备的网络化管理	数控设备网络接口及相关技术
四、培训与管理	（一）操作指导	能指导本职业中级、高级和技师进行实际操作	操作理论教学指导书的编写方法
	（二）理论培训	能对本职业中级、高级和技师进行理论培训	教学计划与大纲的编制方法
	（三）质量管理	能应用全面质量管理知识，实现操作过程中的质量分析与控制	质量分析与控制方法
	（四）技术改造与创新	能组织实施技术改造和创新，并撰写相应的论文	科技论文撰写方法

4．比重表

4.1 理论知识

项目		中级（%）	高级（%）	技师（%）	高级技师（%）
基本要求	职业道德	5	5	5	5
	基础知识	20	20	15	15
相关知识	加工准备	15	15	30	—
	数控编程	20	20	10	—
	数控车床操作	5	5	—	—
	零件加工	30	30	20	15
	数控车床维护与精度检验	5	5	10	10
	培训与管理	—	—	10	15
	工艺分析与设计	—	—	—	40
合计		100	100	100	100

4.2 技能操作

项 目		中级（%）	高级（%）	技师（%）	高级技师（%）
技能要求	加工准备	10	10	20	—
	数控编程	20	20	30	—
	数控车床操作	5	5	—	—
	零件加工	60	60	40	45
	数控车床维护与精度检验	5	5	5	10
	培训与管理	—	—	5	10
	工艺分析与设计	—	—	—	35
合 计		100	100	100	100

附录D 数控车工考证样题

理论样题

一、单项选择题

1. 定位基础的选择原则有（　　）。
   A. 尽量使工件定位基准与工序基准不重合
   B. 尽量用未加工表面作定位基准
   C. 应使工件安装稳定在加工过程中
   D. 采用基准统一原则
2. 数控车床刀具补偿有（　　）。
   A. 刀具半径补偿　　B. 刀具长度补偿
   C. 刀尖半径补偿　　D. A、B 两者都没有
3. 刀具磨损标准通常按照（　　）磨损值固定。
   A. 前面　　B. 后面　　C. 前角　　D. 后角
4. 数控车床的温度应低于（　　）。
   A. 40 度　　B. 30 度　　C. 50 度　　D. 60 度
5. 数控车床的核心是（　　）。
   A. 伺服系统　　B. 数控系统　　C. 回馈系统　　D. 传动系统
6. 粗加工时，选定了刀具和切削用量后，有时需要校验（　　），以保证加工顺利进行。
   A. 刀具的硬度是否足够　　B. 机床功率是否足够
   C. 刀具的刚度是否足够　　D. 机床床身的刚度
7. 开环控制系统用于（　　）样的车床。
   A. 经济 开环—无检测装置　　B. 标准 闭环—光栅尺
   C. 精密 半闭环—回转式　　D. 加工中心 闭环—光栅尺
8. 数控铣床的基本轴数是（　　）。
   A. 一个轴　　B. 两个轴　　C. 三个轴　　D. 四个轴
9. 计算机的 CPU 是（　　）的简称。
   A. 控制器　　B. 中央处理器
   C. 运算器　　D. 软盘存储器
10. 车床上，刀尖圆弧只有在加工（　　）时才产生加工误差。
    A. 端面　　B. 圆柱　　C. 圆弧　　D. 台阶轴
11. 数控车床与普通车床相比在结构上差别最大的部件是（　　）。
    A. 主轴箱　　B. 床身　　C. 进给传动　　D. 刀架
12. 数控系统所规定的最小设定单位就是（　　）。
    A. 数控车床的运动精度　　B. 数控车床的加工精度
    C. 脉冲当量　　D. 数控车床的传动精度

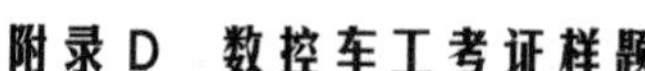

13．辅助功能中与主轴有关的 M 指令是（　　）。

A．M06　　B．M09　　C．M08　　D．M05

14．下列 G 指令中（　　）是非模态指令。

A．G00　　B．G01　　C．G04　　D．G02

15．数控车床加工依赖于各种（　　）。

A．位置数据　　B．模拟量信息

C．准备功能　　D．数字化信息

16．在尺寸链的计算中关键要正确找出（　　）。

A．增环　　B．减环　　C．封闭环　　D．组成环

17．在尺寸链中，封闭环的公差与任何一个组成环的公差关系是（　　）。

A．封闭环的公差与任何一个组成环的公差无关

B．封闭环的公差比任何一个组成环的公差都大

C．封闭环的公差比任何一个组成环的公差都小

D．封闭环的公差等于其中一个组成环的公差

18．CNC 系统的 RAM 常配有高能电池，配备电池的作用是（　　）。

A．保护 RAM 不受损坏

B．保护 CPU 和 RAM 之间传递信息不受干扰

C．没有电池，RAM 就不能工作

D．系统断电时，保护 RAM 中的信息不丢失

19．混合编程的程序段是（　　）。

A．G0 X100 Z200 F300　　B．G01 X-10 Z-20 F30

C．G02 U-10 W-5 R30　　D．G03 X5 W-10 R30

20．绕 X 轴旋转的回转运动坐标轴是（　　）。

A．A 轴　　B．B 轴　　C．C 轴　　D．X 轴

21．在金属切削车床加工中，下述运动中（　　）是主运动。

A．铣削时工件的移动　　B．钻削时钻头的直线运动

C．磨削时砂轮的旋转运动　　D．牛头刨床工作台的水平移动

22．车床数控系统中，可以用哪一组指令进行恒线速控制（　　）。

A．G0 S　　B．G96 S　　C．G01 F　　D．G98 S

23．在夹具中，用一个平面对工件进行定位，可限制工件的（　　）自由度。

A．两个　　B．三个　　C．四个　　D．五个

24．数控车床是在（　　）诞生的。

A．日本　　B．美国　　C．英国　　D．法国

25．数控车床加工调试中遇到问题想停机应先停止（　　）。

A．冷却液　　B．主运动　　C．进给运动　　D．辅助运动

26．辅助功能中表示无条件程序暂停的指令是（　　）。

A．M00　　B．M01　　C．M02　　D．M30

27．深孔加工应采用（　　）方式进行。

A．工件旋转　　B．刀具旋转

C．任意　　　　　　　　　　　　D．工件刀具同时旋转

28．刀尖半径左补偿方向的规定是（　　）。

A．沿刀具运动方向看，工件位于刀具左侧
B．沿工件运动方向看，工件位于刀具左侧
C．沿工件运动方向看，刀具位于工件左侧
D．沿刀具运动方向看，刀具位于工件左侧

29．闭环进给伺服系统与半闭环进给伺服系统的主要区别在于（　　）。

A．位置控制器　　B．检测单元　　C．伺服单元　　D．控制对象

30．机械制造中常用的优先配合的基准孔是（　　）。

A．H7　　B．H2　　C．D2　　D．D7

31．在切断、加工深孔或用高速钢刀具加工时，宜选择（　　）的进给速度。

A．较高　　　　　　　　　　　　B．较低
C．数控系统设定得最低　　　　　D．数控系统设定得最高

32．深孔加工的切削液可用极压切削液或高浓度极压乳化液，当油孔很小时，应选用黏度（　　）的切削液。

A．大　　B．小　　C．中性　　D．不变

33．数控车床加工钢件时希望的切屑是（　　）。

A．带状切屑　　B．挤裂切屑　　C．单元切屑　　D．崩碎切屑

34．对于图样上一般退刀槽，其尺寸的标注形式按（　　）。

A．槽宽×直径或槽宽×槽深　　　　B．槽深×直径
C．直径×槽宽　　　　　　　　　D．直径×槽深

35．数控车床主轴以800转/分的转速正转时，其指令应是（　　）。

A．M03 S800　　B．M04 S800　　C．M05 S800　　D．M02 S800

36．辅助功能中与主轴有关的M指令是（　　）。

A．M06　　B．M09　　C．M08　　D．M05

37．程序中指定了（　　）时，刀具半径补偿被撤销。

A．G40　　B．G41　　C．G42　　D．G43

38．攻螺纹时，孔的直径必须比螺纹（　　）稍大一点。

A．底径　　B．顶径　　C．中径　　D．公称直径

39．加工螺纹时，F指（　　）。

A．螺距
B．导程
C．根据主轴转速和螺纹导程计算出的进给速度
D．任意

40．将原材料转变为产品的全过程称为（　　）过程。

A．生产服务　　B．生产　　C．生产工艺　　D．产品装配

41．用符号“IT”表示（　　）的公差。

A．尺寸精度　　　　　　　　　　B．形状精度
C．位置精度　　　　　　　　　　D．表面粗糙度直角槽

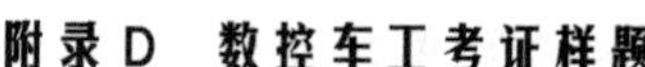

42．下列属于位置公差项目的是（　　）。

A．圆柱度　　B．面轮廓度　　C．圆跳动　　D．圆度

43．数控车床的标准坐标系是以（　　）来确定的。

A．右手直角笛卡儿坐标系　　B．绝对坐标系

C．相对坐标系　　D．工件坐标系

44．进行轮廓铣削时，应避免（　　）工件轮廓。

A．切向切入　　B．圆弧切入　　C．法向退出　　D．切向退出

45．对于公差的数值，下列说法中正确的是：（　　）。

A．必须为正　　B．必须大于零或等于零

C．必须为负　　D．可以为正、为负、为零

46．传统加工中，从刀具的耐用度方面考虑，在选择粗加工切削用量时，首先应选择尽可能大的（　　），从而提高切削效率。

A．背吃刀量　　B．进给速度　　C．切削速度　　D．主轴转速

47．短V形架对圆柱定位，可限制工件的（　　）自由度。

A．两个　　B．三个　　C．四个　　D．五个

48．编制数控加工中心加工程序时，为了提高加工精度，一般采用（　　）。

A．精密专用夹具　　B．流水线作业法

C．工序分散加工法　　D．一次装夹，多工序集中

49．为了保证数控车床能满足不同的工艺要求，并能够获得最佳切削速度，主传动系统可以（　　）。

A．无级变速　　B．变速范围宽

C．分段无级变速　　D．变速范围宽且能无级变速

50．程序校验与首件试切的作用是（　　）。

A．检查车床是否正常

B．提高加工质量

C．检验参数是否正确

D．检验程序是否正确及零件的加工精度是否满足图纸要求

51．数控程序编制功能中常用的插入键是（　　）。

A．INSRT　　B．ALTER　　C．DELET　　D．POS

52．下列措施中（　　）项不能提高零件的表面质量。

A．减小进给量　　B．减小切削厚度

C．降低切削速度　　D．减小切削层宽度

53．下列措施中（　　）项能提高零件的表面质量。

A．增大进给量　　B．加大切削厚度

C．提高切削速度　　D．增大切削层宽度

54．下列不属于零件表面质量项目内容的是（　　）。

A．表面粗糙度　　B．表面冷作硬化

C．表面残余应力　　D．相互表面的形位公差

55．数控编程指令G42代表（　　）。

A．刀具半径左补偿　B．刀具半径右补偿
C．刀具半径补偿撤销　D．长度补偿

56．积屑瘤对表面质量有影响，下列加工方式中容易产生积屑瘤的是（　　）。
A．加工脆性材料时　B．转速很高时
C．转速在一定范围时　D．转速很低时

57．NC"的含义是（　　）。
A．数字控制　B．计算机数字控制
C．网络控制　D．柔性制造系统

58．数控车床的种类很多，如果按加工轨迹分，则可分为（　　）。
A．二轴控制、三轴控制和连续控制　B．点位控制、直线控制和连续控制
C．二轴控制、三轴控制和多轴控制

59．制造一个零件或一台产品必需的一切费用总和称为（　　）。
A．可变成本　B．不变成本　C．生产成本　D．工艺成本

60．切削热主要是通过切屑和（　　）进行传导的。
A．工件　B．刀具　C．周围介质　D．车床

61．工件定位时，下列哪一种定位是不允许存在的（　　）。
A．完全定位　B．欠定位　C．不完全定位

62．精加工时应首先考虑（　　）。
A．零件的加工精度和表面质量　B．刀具的耐用度
C．生产效率　D．车床的功率

63．数控程序编制功能中常用的删除键是（　　）。
A．INSRT　B．ALTER　C．DELET　D．POS

64．刀具磨钝标准通常按照（　　）的磨损值制定标准。
A．前面　B．后面　C．前角　D．后角

65．零件图的（　　）的投影方向应能最明显地反映零件图的内外结构形状特征。
A．俯视图　B．主视图　C．左视图　D．右视图

66．F152 表示（　　）。
A．主轴转速为 152r/min　B．主轴转速为 152mm/min
C．进给速度为 152r/min　D．进给速度为 152mm/min

67．下列机械传动中，传动效率高的是（　　）。
A．螺旋传动　B．带传动　C．齿轮传动　D．蜗杆传动

68．在液压传动中，液压缸是（　　）。
A．动力元件　B．执行元件　C．控制元件　D．辅件

69．M 代码控制车床的各种（　　）。
A．运动状态　B．刀具更换　C．辅助动作状态　D．固定循环

70．数控车床操作时，每启动一次，只进给一个设定单位的控制称为（　　）。
A．单步进给　B．点动进给　C．单段操作　D．手动

71．数控车床程序中，F100 表示（　　）。
A．切削速度　B．进给速度

C. 主轴转速　　D. 步进电动机转速

72. 辅助功能 M03 代码表示（　　）。

A. 程序停止　　B. 冷却液开　　C. 主轴停止　　D. 主轴正转

73. 数控车床有不同的运动形式，需要考虑工件与刀具的相对运动关系及坐标方向，编写程序时，采用（　　）的原则编写。

A. 刀具固定不动，工件移动

B. 铣削加工刀具固定不动，工件移动；车削加工刀具移动，工件不动

C. 分析车床运动关系后再根据实际情况

D. 工件固定不动，刀具移动

74. 数控车床的旋转轴之一 B 轴是绕（　　）直线轴旋转的轴。

A. X 轴　　B. Y 轴　　C. Z 轴　　D. W 轴

75. 沿刀具前进方向观察，刀具偏在工件轮廓的左边是（　　） 指令。

A. G41　　B. G42　　C. G43　　D. G44

76. 用棒料毛坯加工盘类零件，且加工余量较大的工件编程，应选用（　　）复合循环指令。

A. G71　　B. G72　　C. G73　　D. G76

77. 相对编程是指（　　）。

A. 相对于加工起点位置进行编程　　B. 相对于下一点的位置编程

C. 相对于当前位置进行编程　　D. 以方向正负进行编程

78. 数控系统中，哪一组字段在加工程序中是模态的（　　）。

A. G01 F　　B. G27　G28　　C. G04　　D. M02

79. 子程序调用和子程序返回是用哪一组指令实现的（　　）。

A. G98　G99　　B. M98　M99　　C. M98　M02　　D. M99 M98

80. 数控系统中，G96 指令的功能是（　　）。

A. F 值为 mm/分　　B. F 值为 mm/转

C. S 值为恒线速度　　D. S 值为主轴转速

二、判断题

（　　）81. 用数显技术改造后的车床就是数控车床。

（　　）82. 工件定位中，限制的自由度数少于 6 个的定位一定不会是过定位。

（　　）83. 每个程序段内只允许有一个 G 指令。

（　　）84. 为防止工件变形，夹紧部位尽可能与支撑件靠近。

（　　）85. 编制程序时一般以机床坐标系零点作为坐标原点。

（　　）86. 非模态 G04 代码只在本程序段有效。

（　　）87. G 代码可以分为模态 G 代码和非模态 G 代码。

（　　）88. M30 不但可以完成 M02 的功能还可以使程序自动回到开头。

（　　）89. 在开环和半闭环数控车床上，定位精度主要取决于进给丝杠的精度。

（　　）90. 在不产生振动的前提下，主偏角越大，刀具寿命越长。

（　　）91. 主偏角越小，越容易断屑。

（　　）92. 点位控制系统不仅要控制从一点到另一点的准确定位，还要控制从一点到另一点的路径。

（　　）93. 刃倾角为正值时，有利于保护刀尖。

（　　）94. 以冷却为主要作用的切削液是切削油。

（　　）95. 水溶液主要起润滑作用，一般用于精加工，可显著提高加工表面的光洁程度。

（　　）96. 高速钢可允许的切削速度比普通合金工具钢高两倍以上。

（　　）97. 最常用的刀具材料是高速钢和硬质合金。

（　　）98. 后角减小，有利于提高刀具寿命和表面加工质量。

（　　）99. 数控加工路线的选择，尽量使加工路线缩短，以减少程序段，也可减少空走刀时间。

（　　）100. 滚珠丝杠传动效率高、刚度大，可以预紧消除间隙，但不能自锁。

标准答案

1～5　D.C.B.A.B；　6～10　B.A.C.B.C；　11～15　C.C.D.C.D；

16～20　C.B.D.D.A；　21～25　C.B.B.B.C；　26～30　A.A.D.B.A；

31～35　B.B.C.A.A；　36～40　D.A.B.B.B；　41～45　A.C.A.C.A；

46～50　A.A.D.C.D；　51～55　A.C.C.D.B；　56～60　C.A.B.C.C；

61～65　B.A.B.B.B；　66～70　D.C.B.C.A；　71～75　A.D.D.B.A；

76～80　B.A.A.B.C

81～85（×）（×）（×）（√）（×）　86～90（√）（√）（√）（√）（×）

91～95（×）（×）（×）（×）（×）　96～100（√）（√）（×）（√）（√）